JN183655

JA357

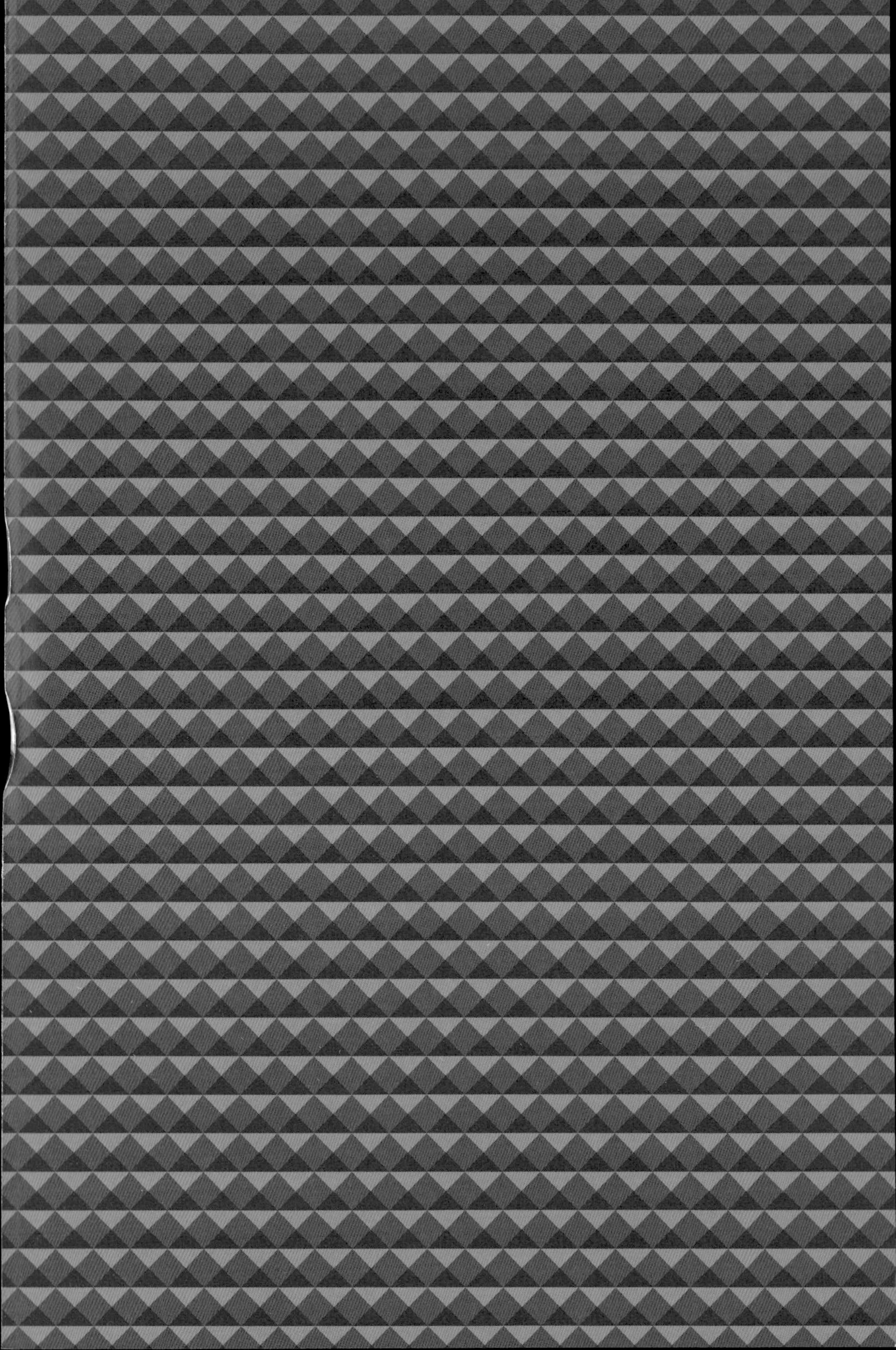

プライベート・パイロット

PRIVATE PILOT

国内で、自家用操縦ライセンスを、早く安く取る方法

山下智之 著

まえがき

この本は、最初から最後まで日本国内で練習して、約1年半で、自家用操縦士免許を取得した私の具体的な経験談です。

今のところ、飛行機のライセンスは米国やフィリピン、インドネシアで取得し、帰国してから国内免許に書き換えをするのが主流でしょう。しかし、仕事の関係やいろいろな事情で、海外で3カ月もかかる免許取得に向けての合宿期間が取れない人も多い。それに何より、はっきりいって、海外で取得した操縦士免許は免許であって免許ではありません。海外でしか飛んだことのない人が、書き換えが終わったからといって、いきなり日本の空で飛ぶことは不可能でしょう。日本の空はそれだけ過密で、山岳地帯も多く、危険がそこかしこに潜んでいるからです。

実際、海外で免許を取得しても、ある程度経験を積むまでの間、日本で飛ぶ場合にはプロの操縦士を同乗させる人がほとんどです。パイロットは自分の技量の限界を知っています。だから、書類上飛べますよといっても、まずは日本の空に精通したプロの教官や熟練パイロットに一緒に乗ってもらうことになります。結局、海外で免許だけ取得しても、日本の空を自由に飛ぶための訓練として、そこからさらに何十時間もの同乗訓練が必要になるわけです。

ならば、国内で取ればいいじゃん。ということですが、それがなかなか難しい。まず、免許を取るためにはどこに行けばいいの？　何をすればいいの？　ということになります。若い学生で、航空専門学校とか大学の飛行士コースとかに入学して、それこそ将来のエアラインキャプテンを目指して勉強する道ならば、何をすればいいか分かります。つまり、そういう学校に入学すればいいのです。しかし、社会人になって、本気で免許を取得しようとした場合、いったい何から始めればいいのでしょうか？

私自身についていえば、本書のような経験談、ガイダンスのようなものがありませんでしたので、ずいぶん遠回りをして、免許取得までに無駄な時間や経費を使ってしまいました。なので、これから国内で、本当に自由に小型機のキャプテンとして飛べるライセンスを、最も効率よく、そして必要な訓練を十分にこなしたうえで取得するにはどうしたらいいか、それを社会人で他に職業を持ちながらパイロットになろうという方々にお伝えしたいのです。

また、最近ではＬＣＣ（ローコストキャリア／格安航空会社）の参入で、パイロット不足が深刻になっています。大学や専門学校などで、他の学部（経済学部、法学部、医学部など）に通いながら、パイロットライセンスを目指す人も徐々に出始めています。一部の航空専門学校では、そのような人のための「現役大学生コース」が設定されるなど、国内訓練でパイロットを目指すのは、必ずしも経営者や自営業者などに限られたものではなくなってきました。28歳くらいまでに自家用操縦士ライセンスを取って、30歳くらいまでに計器飛行、マルチ、事業用など上位の限定変更を受けられれば、ギリギリ、エアラインに就職して本物のエアラインパイロット目指すことも可能です。

私の身近なところにも、自腹で自家用ライセンスまで取得して、28歳で何とかＪＡＬ系の航空会社に就職した人もいますし、大手企業の研究所に勤務しながら、それこそ飛行機で訓練地まで通い、２年でライセンスを取得した30歳の研究者もいました。学生ならともかく、サラリーマンが会社に通いながらパイロットを目指そうとすると、選択肢は一つ。国内で訓練を受けて、国内で免許取得まで行く方法しか現実味がないでしょう。３カ月も休暇を取って、というわがままは許されないのではないかと思います。

そのように、国内訓練でパイロットを目指すとなれば、いかに効率よく安く取るかということを考えないと、費用や時間はいくらでもかかってしまいます。どのようなシラバス（訓練予定）を組み、効率よく早く安くライセンス取得にまでたどり着くか。その答えが本書にあります。

本書を参考に、一人でも多くの方が、早く、そして安く、夢を実現していただくことができれば、本当にこれほどうれしいことはありません。

さあ、始めましょう。

「プライベート・パイロット」——その第一歩は、このページから始まります。

山下智之

Contents

プライベート・パイロット

カバー写真：宮崎克彦（舵社）
イラスト：久保川 勲

AIR CENTER

Contents

プライベート・パイロット

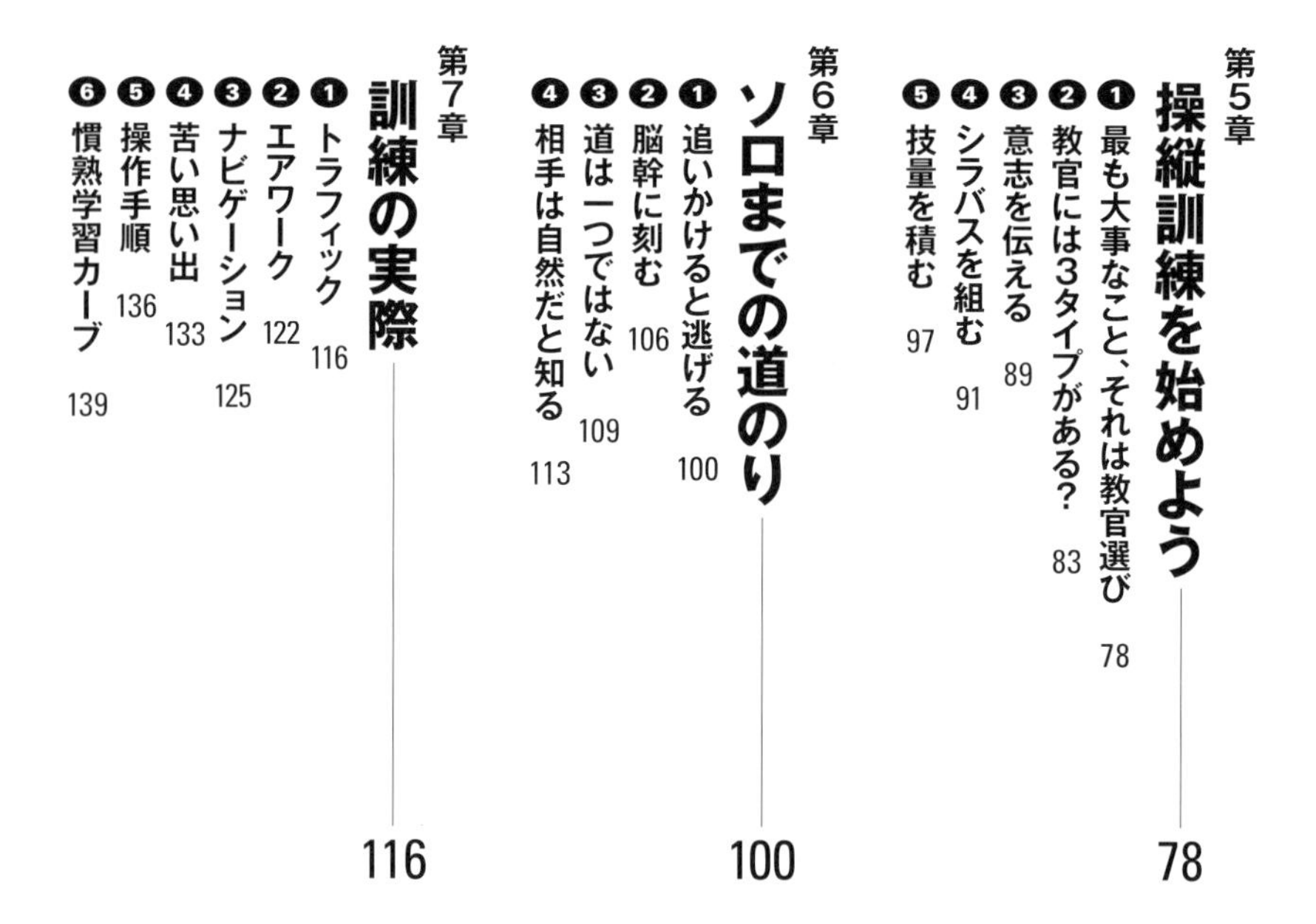

プライベート・パイロット

第1章
自家用操縦士免許でできること

❶趣味やレジャー、移動手段として飛ぶ

自家用機のメッカといわれる大阪八尾空港には、およそ80機の自家用機が駐機されています。中には上場会社の社用機でビジネスジェット「セスナ・サイテーション」など、旅客機並みのスピードで北海道から沖縄まで余裕でひとっ飛びというのもあります。そういうジェットにはたいがいお抱えのパイロットがいて、いつでも飛べるよう機体の周辺をうろうろしているものです。こういう人たちは、いわゆるプロのパイロットで、自家用操縦士だけでなく事業用操縦士のライセンスを

持っている人たちです。八尾空港の専用駐車場に高級乗用車で乗り付けたりしていますから、年間1000万円とかそれに近い額を給料としてもらっているのではないでしょうか。

面白いのは、そのサイテーション、時々会社のオーナーファミリーの長男の方が来て、自分でちょっと高松あたりに讃岐うどんを食べに飛んでたりします。こういう人は、飛ぶことで給料や報酬を得ているわけではありませんので、自家用操縦士の免許だけでオーケーです。いわゆるプライベートジェットをオーナーとして操縦するライセンスもまた、自家用操縦士免許の一種なのです。とはいうものの、単発レシプロ機の免許しか持っていない私には、まだサイテーションを操縦することはできません。双発タービンジェットの限定変更を受けなくてはいけませんので、もしそれを目指そうとするなら、さらに数十時間訓練で飛ばないといけないでしょう。それでも自家用操縦士には違いないので、それほど難しいことではありません。

一方、八尾空港には、空撮や空からの測量のための特別な装置を積み込んだ、キャラバンといわれる大きめの機体も駐機されています。これは事業機といって、航空機を使った旅客輸送以外のさまざまな用途に使われます。例えば、空撮や地震後の地殻変動なんかを調査する測量などの用途です。もちろんそういう事業機を操縦するには、事業用操縦士免許が必要です。なぜなら、飛行機を飛ばすことでお金をもらっているから。が、しかし、面白いことにそういう機体であっても、特殊な装置を取り外し、乗客用のシートを付けるなどして、家族や親せき、友人を乗せて遊びで飛ぶなら、私の自家用操縦士ライセンスで飛べます。測量用の機械を取り外さなくても、使わないとか、使うとしても自分の家の撮影のためだけでお金を受け取らないとかでもいいようです。意外に大きな機体も飛ばせるんですよ。キャラバンは航続距離も長く、定員も12名くらいなので、ちょっとした旅客機気分ですが、誰を乗せようと、飛行することでお金をもらったりさえしなければ、自家用操縦士ライセンスで飛べます。

もう、お分かりですね。自家用操縦士とは、自分の趣味やレジャー、自分自身の移動のために飛ぶことのできるライセンスで、そこにお金のやり取りがないことが前提です。かといって、仕事に利用できないことはありません。実際、長野の方に駐機していて、自家用機で全国の自社の営業拠点を回っている社長さんとも、八尾でお会いしたことがあります。自分の移動のためですから、別に金銭をもらっているわけではなく、自家用ライセンスで十分ビジネスに生かせているというわけです。後で詳しくお話ししますが、近年は地方の空港が民営化される方向になり、そうなれば、これまでどちらかというとエアライン優先の空港業務の中で邪魔者扱いされてきた自家用機が、お客さん扱いされて、これまでになく地方空港や離島などに飛びやすくなってくると思われますので、こういうビジネスの移動手段としての自家用操縦士免許の重要性は上がってくるでしょう。

比較的新しい航空会社ＳＭ社の社長は、自家用機で自社の路線開設予定空路を何度か自分で飛んで、将来性やマーケティングを考えたようです。これも自家用操縦士ライセンスでできることです。ほかにも不動産業の方が空から地域の概観を確認するとか、全国の支店支社を巡回するのに自分で操縦して行くとか、ライセンスの使い勝手はいろいろと出てくると思います。

現在、日本で自家用操縦士免許をお持ちの方が３０００人程度いるといわれています。一方で、自家用機は６００機ほどしかなく、免許保有者の５人のうち４人は自家用機を持っていません。そういう場合、飛ぶことはできないのでしょうか？　いいえ、そんなことはありません。全国にはそういう人の集まり、フライトクラブというものがあります。

❷ フライトクラブで飛ぶ

「フライトクラブ」でネットを検索すると、全国にはいくつものクラブがあるのが分かります。ただ、このフライトクラブ、規模や運営者の思惑で、全く内容や組織が違っていますので、注意が必要です。私なりに分析した結果、大きく分けて2種類のクラブがあると見ています。一つは、航空専門学校に付属もしくは関係する設備や機体を借りる形で運営されている、言ってみれば組織的運営をしているフライトクラブ。もう一つは、個人の飛行機オーナーが個人運営しているクラブです。いろいろなクラブがそれらしいホームページを作成していますが、そこでうたっている主なサービスには以下の三つがあります。

第一は、機体の貸し出し。自家用機ライセンスを持っているが飛行機を持たない人のために、自分のところの機体(ほとんどの場合セスナ)を貸し出して、1時間2万円から5万円程度の料金を取るサービス。車でいえばレンタカーですね。第二のサービスは、飛行機の操縦士ライセンスを取りたい人のために、機体と飛行教官とをセットで貸し出すサービス。そして第三が、飛行機の売買を斡旋仲介するサービス。

最初に申し上げた航空専門学校などが組織的に運営するクラブでは、上記三つのサービスのうち、第二の飛行教官と機体をセットで貸し出して、ライセンス取得を目指す、操縦体験をする、というのがメインのサービスになっています。一方、個人運営のクラブは、第一の機体レンタルが主流で、飛行教官込みの飛行訓練はお客からの申し込みがあった場合のみ、あわてて教官を探すというのが多いようです。第三の機体売買の話は、当然組織力や資金力のある組織的運営のクラブの方が豊富な情報を持っている一方、個人運営のクラブは単なるブローカーで終わっているところも多いようです。

実際にあった話ですが、個人運営のクラブからそのクラブ機を買ったのに、依然として1年以上、クラブのホームページにはその機体が自社所有の機体として掲載されていました。要は、個人運営のクラブは、飛行機1機あれば誰でも始められるようなもので、その運営は結構適当なところが多いようです。飛行機のオーナーが、「はい、フライトクラブ始めました。この機体を使いたい人は会員になって会費払ってくださいね」というわけです。ですから、個人運営のクラブは機体の貸し出しが中心であって、ライセンスを持たない人向けに教育訓練を行うとアピールしていても、実態は海外の留学先を紹介するだけというのが多いですね。

こういうところで留学斡旋を受けて、一通りの課程を修了して帰国したにもかかわらず、何年たってもその国のライセンスすら届かない、というトラブルを私は実際に見たことがあります。かくいう私も、最初はインドネシアで1カ月程度でライセンスを取得して、日本で書き換える方法を取ろうとしていましたが、途中で「インドネシアの法律が変わったので、日本の学科試験は全科目合格してから来てくれ」とか、「英語の試験をするから、追加で英語のレッスンも受けてくれ」とか言われ、おかしいなと思っていたところ、最終的には「これまでに払い込んでもらったお金は全額返金するので、今回の留学はキャンセルしてくれ」ということになりました。相手国の制度が変わったのは事実でしょうが、そういうことにもともと対応できない紹介業、斡旋業みたいなもので、そこには何らの付加価値的サービスもないというのが、個人運営のフライトクラブの実態でしょう。

ですから、みなさんがもし海外でのライセンス取得とその後の日本の免許への書き換えを希望されるのであれば、まずは航空専門学校が組織的に運営しているフライトクラブで相談されるのがいいでしょう。そういうところなら、派遣先の例えばアメリカの飛行学校とは、教官の相互派遣などを通じて日常的に情報交換をしていますから、いきなり制度が変わったのでキャンセル……

なんてことはないでしょう。また、アメリカに送り出す前に、基本的な基礎知識の勉強や飛行訓練を一通りこなして、その学生の適性や能力について事前に相手校に連絡相談して、十分なケアをしたうえで送り出してくれますから、安心です。これならアメリカの訓練校も、また訓練生本人も、留学してどういう訓練をどういう順序でこなすかなど、ある程度見えた状態で渡航できます。しかし逆に言えば、留学する前と後に日本国内で相当な飛行訓練が必要であって、結局はわざわざアメリカに行く理由はそんなにないということになります。

一方の個人クラブでは、そういうことは全く望めませんが、メリットがあるとすれば留学費用が極端に安かったりすることでしょうか。が、それは一種の賭けのようなもので、自分にかなりな自信がなければならないでしょう。このあたりについては、後で詳しくお話ししましょう。

話を機体レンタルに戻しましょう。車のレンタカーと飛行機の機体レンタルとの一番の違いは、ライセンス保持者の技能が千差万別で信頼できないところにあります。まえがきにも書きましたが、海外取得の自家用操縦士ライセンスは免許であって免許ではない、というのがそれです。法律的には飛んでいい状態にはありますが、実際に一人で「はいどうぞ」と言われても、飛べっこない実態があります。なので、フライトクラブでは、例えばクラブの審査を通過した人だけが機体を借りることができるとか、最初の何時間は他のクラブ員としか飛べないとか、いろいろな予防策を講じています。このあたりから、自動車ライセンスと比べていらっしゃるみなさんにはいろいろな

「?・?・?・」がついてくることでしょう。

でも、どうですか。左側通行の国内で右ハンドルの車に乗っていて、海外で右側通行の左ハンドルの車にいきなり乗った時、右折や左折で見る方向が違ってヒヤッとしたことはないですか？ 飛行機では、すぐにブレーキをかけて止まって考えることはできません。慣れないということは、即座に危険だということです。そういう危険を排除するために、クラブの所有機に慣れるという意味で、ライセンス保持者とともに何時間か飛んで、いわゆる慣熟飛行を経て、やっとレンタカーならぬレンタプレーンとして借りて自由に飛ぶことができるようになります。慣熟飛行には、その機体に慣れるという意味と、近隣の地形や自然特性、空域の管制などに慣れるという意味があります。

自家用操縦士免許を持っていながら飛行機を持たない人は、ほとんどの場合、こうしたフライトクラブで飛んでいるのが実態です。このフライトクラブ、パイロット仲間ということで、みなさん年に何回かはバーベキューパーティーや飲み会をやっていたりして、結構楽しく交流されています。車のフェラーリクラブみたいに、パイロット同士分かり合えるところが仲間意識を強めていて、それも自家用ライセンス取得後の楽しみの一つでもあります。

またフライトクラブの活動の中には、年に2回ほどナビゲーションと称して、みんなで1機もしくは複数の機体を使って遠方の空港に日帰りもしくは泊りがけで行く、大人の遠足みたいな行事があります。これは、普段一人で機体を借りる時はせいぜい3時間くらいが限度であるところ、1日~2日貸し切りでどこか遠いところまで飛んでみましょう、という企画です。八尾空港にあるフライトクラブでも、よく鳥取とか北海道まで出かけています。鳥取や新潟あたりまでなら日帰りで十分ですが、北海道となるとさすがに一泊するスケジュールが組まれています。フライトクラブでは、機体を借りる料金は時間当たりで請求されますから、1日~2日貸し切りとなると、本来なら何十万円もチャーター料がかかるところ、クラブの行事として人数を集め、一人数万円の料金で泊りがけフライトを楽しめるのです。八尾のクラブでは、3機くらいで10人程度の人が参加しているようでした。フライトクラブでは、こういう特別な機会でないと飛行機に乗って行ってそのまま何泊も泊まるという贅沢はできません。やはり、そこは自家用機を持つことで、そういう世界も開けてくるのです。

❸自家用機で飛ぶ

フライトクラブは、一つの機体をたくさんの人がレンタルするところですから、会員数は多いクラブで数十名から100名近くもいて、すぐに乗れないことが多いようです。例えば夏休みの時期には1年前から予約を入れる人がいたりして、なかなか飛べないことがあります。クリスマスのナイトフライトなんかも人気で、予約が取れないようです。また、そうやって相当前から予約していても、たまたまその日に台風が来て飛べなかったら、じゃあ来週飛ぼうかというと、そこはすでに予約が入っていて、結局その夏は飛べませんでした……ということもごく普通にあります。

そうすると、そういう不便をなくすために、もっと少人数で飛行機を共同所有しようという考えが出てきます。例えば、そのクラブで出会った気の合う仲間と共同で飛行機を買って、共同オーナーとして利用するということです。よくヨットなどで仲間と共同で持つというのがありますが、飛行機の場合もそれと同じ。だいたい5人前後で一つの機体を共有するというのが多いようです。八尾空港でも、何機かそういう共同オーナーの機体があって、よく週末にはそのオーナー仲間、あるいは家族で飛ばれているのを見ます。共同オーナーだけでなくて、信頼のおける（つまりはその機体に慣れた）オーナーの友人とかも使っているようでした。

複数の自家用機が駐機しているのが見える大阪八尾空港の格納庫前

飛行機は建物などと同じように所有者名義が登記されています。ですから、共同オーナーも全員がきちんと所有者として国土交通省に登録されていて、誰かが勝手に機体を売ったりなどできないようになっています。持分割合の登記も可能なので、売却時にはその割合で金銭を受け取ることになります。たとえ持分が少なくても、あるいは多くても、飛ぶ時はどちらも同じ1時間ですから、そこらへんはどうやって調整するのか、仲間内でそれなりのルールを決めているようです。飛行機の場合、保険に入らないで飛ばすことはまずありませんし、保険は故障やちょっとした不具合でも支払いの対象になるので、みなさんメインテナンスの費用はあまり気にされないようです。ただ、所有機が事故を起こした場合、最悪、その機体の共同所有者は全員新たな別の航空機保険に入れなくなることがあるので、仲間の失敗のとばっちりを受けてしまう可能性は覚悟しなくてはいけません。年一回の耐空検査(車の車検のようなもの)の費用や、格納費用などはみなさん平等に分担しているようです。

この方法だと、少ないコストで自分の飛行機に乗ることができて、しかもフライトクラブほど規則やルールも厳しくなく、比較的使える日程にも余裕をもって楽しめると思います。最初の例のように、台風で飛べなかったら、去年もそんな不幸な目にあった仲間には「次の週末は譲るよ」なんていう話もありますよね。

そういう仲間同士の融通が利くという半面、その仲間の中でいさかいが起こった時は、逆に厄介なのが共同所有です。共有する目的というか目論見が同じ方向に向いていればいいのですが、違ってくると調整は難しいですね。実際に、機体が古くなったので買い替えるという時に、共有者で意見が分かれて話が進まなかった、ということが近くで起こっていました。まあ、飛行機は整備が行き届いていますから、ヨットの共同所有のように「使い方が汚い」といって揉めることはないものの、金銭的に余裕のある人とそうでない人で思惑が違って揉めるケースが多いようです。

それでも、共同所有は一人で機体を持ちきれないか、もしくは趣味にそこまでお金をかけたくないという人には、もってこいの方法だと思います。これですと、フライトクラブでは難しかった泊りがけのフライトなど、仲間で融通し合えばいくらでもできます。あるいは、平日など他のメンバーの予約が入っていなければ、「天気がいいので、1時間くらい飛んでお花見でもしようか」と朝決めてすぐ飛ぶ、なんていう楽しみもあるでしょう。

❹ 自由な空

しかし、何といっても、一人で機体を所有することの自由さ、楽しさは、何物にも代えられません。他の誰にも気兼ねなく、いつでも、飛びたい時に、どこへでも行けるのですから。

飛行機は、飛ぶ前にフライトプランを国土交通省に提出しなくてはなりません。でも、このフライトプラン、飛ぶ5分前とかに電話で通報することもできるんです。八尾空港のロビーなんかで、ゲストと思われるきれいな女の子を横にして、かっこいいおじさんが「フライトプランの申告お願いします。機体はJA0000で……」と携帯電話でやっているわけです。たぶん彼女と「今日は京都を空から見物でもするか」なんて決めたんだと思います。その時、私は練習生として、着陸の不手際などを教官から指摘されていましたから、その自家用機オーナーのカッコよさは際立って見えました。横に座った女の子が憧れのまなざしで彼を見つめていたのが印象に残っています。そうやって携帯電話で報告さえすれば、すぐに飛ぶことができます。この自由さは、自家用機を操縦した者にしか分からないでしょうね。

あと、飛行ルートですが、有視界飛行で飛ぶ限り、高度、経路の選定は一定のルールを守れば全くパイロットの任意の判断です。例えば八尾から京都観光なら、「八尾を何時に離陸。そのあと京都シティー上空を経由して、再び八尾空港に1時間後着陸」程度の報告で済みます。具体的に、桂川に沿って京都に入るのか、奈良盆地をかすめて入るのかは、自由です(もちろん、訓練空域や管制圏を避けなくてはならないというルールがあり、他の航空機の邪魔にならないように飛ぶべきなのは、規則というか最低限のマナーとしてあります)。そして京都上空に来たら、京都タワーを見て、平安神宮を見て、嵐山の渡月橋を渡っている人ごみを上から観察して……とか、そういう飛び方は自由です。

上空から友人の家を見つけて、「わー、でかい家だなー」なんて思ったこともあります。市街地は安全上、そして騒音の迷惑にならないように、一定の高度を維持しなくてはなりません。後で友人に「○時ごろ、軽飛行機の音した？」と聞いてみましたが、気がつかなかったと言われて、「なんだ、つまんないな」と思ったことがありました。でも自由の裏返しで、守るべきことは守らないと、迷惑行為として違法性すら帯びてくるので注意が必要です。

私は、春に京都の嵐山や平安神宮の桜の上空を「空からの花見」と称して、家族で飛んだことがあります。その時、いわゆる花見の名所といわれるところ以外に、京都市内にきれいな桜色の塊があるのを見つけてうれしくなりました。「今度はあそこに地上から行ってみ

地上で見慣れた風景を空から見る。写真の高層ビルは大阪市の「あべのハルカス」

よう」と家族で話しています。その時はまだ練習中でしたので、横に教官を乗せていましたが、来年は自分たちだけでそういう花見フライトをしてみたいと思います。

そして何といっても、自家用機を自分で持つメリットは、好きな時に、例えば神戸から大分の別府温泉に行って泊まって帰る、なんていうことができることでしょう。飛行機の駐機料ですか？　それが驚くほど安いんです。例えば神戸空港は1泊24時間泊めて２０００円程度です。大分空港は１５００円。そのほかの空港も似たようなものです。なぜなら、飛行機の着陸料や駐機料は機体の重さに応じて課金されるので、セスナやパイパーなどの軽飛行機は、ほんとに安いんです。エアラインの定期便と同じ料金体系で、旅客機の最低一単位分を払えばいい、というようなことです。

では、機体の維持費がどのくらいかかるか、気になりますよね。私は以前、54フィートのプレジャーボートを神奈川県の逗子マリーナに係留していましたが、その時の年間係留費用２４０万円前後と飛行機の維持費はそんなに変わりません。具体的には、今の飛行機（パイパー・アロー）

自家用機の維持費は大型プレジャーボートのそれと同じ程度

で年間240万円程度の格納料を支払っていますが、それには定期点検と一年に一回の耐空検査費用も含まれていて、車でいえば、駐車料金と定期点検と車検費用込みの値段です。自家用パイロットには、ボートやヨットの経験をお持ちで飛行機に行きついたという方が多いですが、「維持費は大きめの船を持っているのとそう変わらない」というのが、みなさんに共通した感想です。たいていの船は故障が多く、メインテナンスのコストが日常的に発生します。一方、飛行機は、定期点検が格納費用に含まれていますので、飛ぶごとに少しでも不具合があれば直ちに修繕、調整をします。なので、そんなに大きな追加費用は発生しないようです。

ただし、飛行機の場合、飛行時間が2000時間までしか飛べないという規則があります。これは「エンジンの使用時間が2000時間を超えたら新品に積み替えなくてはならない」という規則です。新品というのもいろいろあって、完全なオーバーホールをする、オーバーホール済みのエンジンと積み替えるといった方法もありますが、とにかく2000時間使ったら、そこで新品を買うくらいの費用が発生するということです。だから、飛行機は製造から何年経ったという基準より、何時間飛んだかという基準の方が重要なのです。

例えば、私は1950時間飛んだセスナを60万円で買ったことがあります。買う側の私の計算は、残時間50時間で60万円なら1時間当たり1万2千円ですから、フライトクラブや飛行学校で機体を借りるのに1時間当たり2万円から5万円、高いところでは7万円も払うのに比べれば、かなり格安で飛ぶことができる、という計算です。ただし、これにも注意が必要で、2000時間乗ってしまった機体は屑鉄の価格にしかなりませんから、通常は廃棄費用が発生します。私はその機体を飛行学校に教材として寄付しましたので、そのコストもゼロで済みました。時々、街中でセスナの機体を建物の屋根に上げて広告塔のように使っているケースがありますが、あれはきっと2000時間飛んだ後の機体だと思います。

では、2000時間とはどれぐらいの時間でしょうか。週末に2時間乗るとして、月8時間、年間で96時間ですね。2000時間というと、約20年間もその機体に乗り続けられるという計算になります。また別の見方をすれば、自家用機ライセンスを取得するまでに訓練で80時間から120時間くらい飛びますが、これは1機で約20人がライセンスを取れるということです。あるいは、教育証明を持つ教官の方は約1000時間程度飛ばなくてはならないようですので、1機を乗りつぶせば、2人の教官が誕生するという計算になりますね。八尾空港から神戸空港までは15分のフライトですから、そういうことからも、2000時間の飛行時間は結構多い、というのを感じていただけるでしょう。

そういう基礎知識を持って中古の機体を物色してみると、残り500時間で800万円を切るものとか、1500時間で3000万円とか、大体「残時間×2万円程度」が平均的な価格のようです。もちろん、これは売り手の言い値ですから、もっと安く交渉することも可能だと思います。

ここで、先のフライトクラブのことを思い出してください。機体の貸し出し料金は、1時間当たり2万円から7万円でした。2万円はさすがに安いと思いますが、4万円以上だと、中古の機体を自分で持った方が安上がりのような気がします。こういう計算をした時、免許を取る前から自家用機のオーナーになって、自分の機体で練習することのメリットが見えてきます。機体を借りて練習するより、自分で先に機体を持った方が、燃料費、教官の費用など考えてもかなりお得です。

免許を取る前に自家用機を購入するメリットは、他にもあります。飛行機には、機体ごとの操縦特性があることを忘れてはなりません。訓練で使われる機体はほとんどセスナですが、免許を取ってから購入する機体が同じセスナになるとは限りませんよね。そうなると、新しく自分用に買った機体で、もう一度、習熟のために教官を乗せた訓練が必要になります。最低10時間から20時間くらい乗って自分の体同然に操縦できるようになりますから、その分追加コストがかかるということです。であれば、最初から自分の機体で訓練し、試験を受ければ、合格と同時に機体には十分慣れていますので、すぐに一人で飛ぶことが可能になるというわけです。

さて、もぞもぞと自家用機ライセンスを取りたくなってきたあなたに、うれしいお知らせがあります。最近になって、試験がやさしくなってきたということ。それについて、次の章で説明しましょう。

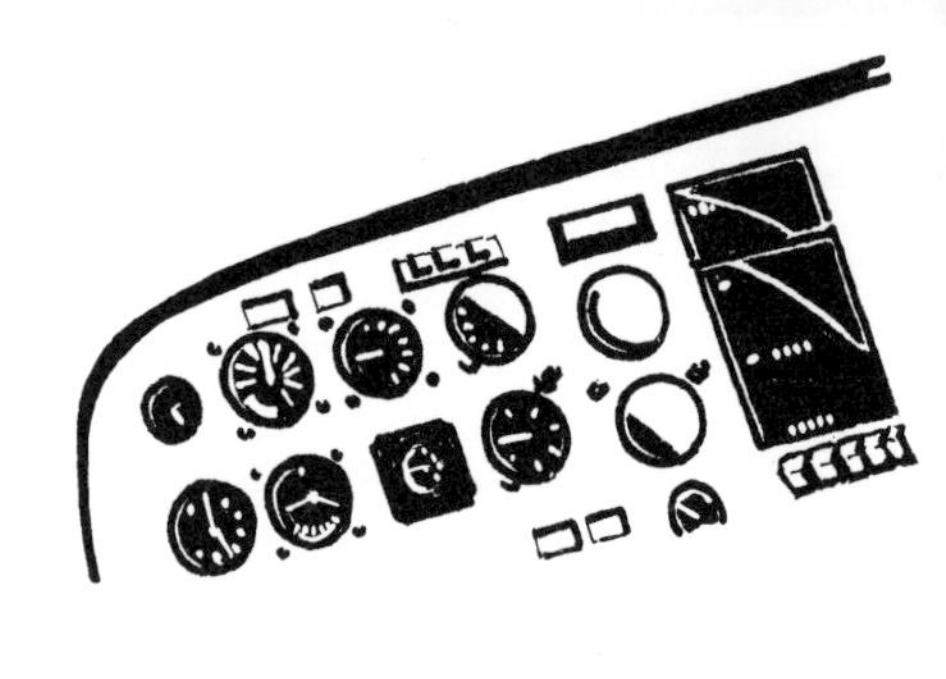

第2章 2013〜2014年、実技試験がやさしくなった

❶オープンスカイとLCC

最近、航空運賃がどんどん安くなっていますよね。オープンスカイ協定による航空自由化が進み、シンガポールや中国のＬＣＣ（ローコストキャリア／格安航空会社）などが安い料金を設定して日本に乗り入れしています。これを迎え撃つように、ＪＡＬやＡＮＡもそれぞれＬＣＣをグループ内に持って、安い航空運賃で飛ばすようになってきています。中心は東南アジア便や国内の沖縄便でしょうか。

自家用機で飛んでいると、そういうＬＣＣのエアラインの機長が管制官と交信している無線の声が聞こえます。管制は基本的に英語ですが、彼らの発音は日本人ともネイティブとも異なる、シンガポールや香港なんかでよく聞くような英語なので、すぐ分かるのです。彼らは給料の安い地域から日本の空に出稼ぎに来ているパイロットたちで、その数は近年どんどん増えています。つまり、そういう人材の日本国内への流入が増えているということです。

あれ、ちょっと待ってください。最近はアベノミクスのせいか、少しは明るい兆しが見えてきたとはいえ、日本の若者の多くが就職したいのにできない状況が続いている一方で、プロパイロットの世界では、人が足りなくて海外から来てもらっているということ？　そういうことです。なので、日本の航空局では、業界からの強い要請を受けて、日本人の若者にどんどんパイロットになってもらおうという方向性が出てきています。

もう一昔前になりますが、ＪＡＬが破たんした時、社内の訓練生としてエアラインパイロットを目指していた30人ほどの処遇が問題になりました。そのまま解雇というのはあまりにもかわいそう、そしてもったいない。そういう意見が多く、結局彼らは、ある航空専門学校の訓練生としてプロパイロットになるための訓練を継続することになったとか。学校は、彼らの受け入れのために、九州で格納庫を借りて新しく分校を設けました。このように、いま航空業界には、貴重な将来の日本人パイロットを育てようという気運があります。そうした事情を背景に、自家用操縦士ライセンスも一部の実技試験科目がなくなり、かなりやさしくなったのです。

　具体的には、これまでの実技で必要だったシャンデル、レイジーエイトという飛行科目と、風を測る測風技術のテスト科目が２０１３年の４月からなくなり、さらにローワークといわれる科目のうち八の字旋回やエイトアラウンドパイロンの科目が、２０１４年４月からなくなりました。後ほど記しますが、これらは確かに自家用機ではあまり使わない技術です。昔ライセンスを取られた方ならたいがい、この測風（操縦しながら計算尺を回したりして風を計算し、それに基づいて飛行計画を書き直す作業）に、かなり苦しんだ経験があるはずです。なので、私はこの科目が２０１３年からなくなると聞いて、それこそ小躍りして喜んだものです。最近の飛行機は、まず１００％ＧＰＳを積んでいますし、飛行機用のＧＰＳなら自動的に風の成分も計算しますので、実用性から疑問だったものがなくなったということでしょうか。車でいえば、マニュアルシフトの作業がなくなって、オートマ車での試験になったようなもので、

軽飛行機のGPSの一例。同じ機器が２台搭載されている

私はひどく簡単になったように感じました。

このように、自家用操縦士は事業用操縦士やエアラインパイロットになろうとする人がまず必ず取らなくてはならないライセンスですので、その間口をぐっと広げていこうという傾向にあります。自家用操縦士は、日本の法律では16歳から取得できます。これは、航空専門学校の学生が訓練するための年齢設定で、高校生でも、どんどん自家用ライセンスを取って将来のエアラインパイロットを目指してもらおうということだそうです。一方で、事業用ライセンスやエアラインの定期航空操縦士は、逆に技能審査を厳格化して、本業としてパイロットを目指す人材への教育は、エアラインなどに就職してからしっかりやってもらう方向ということでした。

余談になりますが、16歳でパイロット資格を取るということは、18歳でしか取れない自動車の運転免許よりも早く飛行機の操縦士になれるということで、実際、航空専門学校の学生のほとんどが、車より先に飛行機の免許を取っているそうです。そういう若者の絶対数を増やすという意味で、自家用操縦士の審査基準は緩和されています。このチャンスにトライされることをお勧めします。

そして、この傾向は、これまで海外でライセンスを取って日本で書き換え、ということの多かった自家用操縦士ライセンスの取得方法にも大きな変化を起こしつつあります。海外ライセンスとのバランスという意味で、これまで極端に難しかった日本での取得がやさしくなり、逆にインドネシアやフィリピンなど海外での免許取得がどんどん厳しくなってきています。そのことについて、次に述べていきましょう。

❷TPPの落とす影

トランス・パシフィック・パートナーシップ。TPP交渉に日本も参加することが、2012年に決まりましたね。簡単に言うと、関税障壁、非関税障壁をできるだけなくして、太平洋地域で一つの市場を作っていこうということです。この流れのなかで、ある国の品質基準を他の国の基準と同等のものに改編していこうとしているのが今の状況でしょう。それにつれて、航空機の操縦士の世界で起こっているのが、世界の操縦士技能審査が平準化されつつあるということです。

例えば、インドネシア。これまで比較的簡単な試験でインドネシアのライセンスを取ることができましたが、2011年に日本の航空局がインドネシアの航空局にライセンス審査基準の厳格化を要請したところから動きが起こりました。それは、インドネシアで取得して日本の免許に書き換えをした資格を持つパイロットが、事故に至る直前の重大インシデントを相次いで起こしたことが原因であったと聞きます。例えば、飛行制限空域への無承認侵入や、他機との異常接近、空港タクシーウェイの誤認などです。いずれも、少し間違えば重大事故に至る危険をはらんでいて、そういうリスクを認識しない操縦技量では日本の空を自由に飛ばすわけにはいかない、ということです。

一方で、航空機ライセンスは国境を超えることを前提としており、ＩＣＡＯ（国際民間航空機関）の国際条約で「他国の操縦ライセンスも原則として有効である」とうたわれています。そこで、日本はインドネシアに「ちゃんと操縦訓練させてくださいよ。技能のない者にはライセンスを発行しないでくださいよ」と申し入れたわけです。インドネシアとしても、自国籍のパイロットが日本に出稼ぎに行くことも多いため、そう言われるとほうっておくこともできません。つまり、最悪インドネシアのガルーダ航空がインドネシア人パイロットのまま日本の空を飛べなくなったら一大事ですから（そういうことは条約ではあり得ませんが、追加的な審査とか条件を付加されることはあり得ること）、それを避けるべく、「分かりました、今後は操縦士の審査基準を日本並みに厳しくして、簡単には発行しないようにします」となったわけです。

そこで、とばっちりを食らったうちの一人が私です。費用は約２００万円、1カ月ほどかけてジャカルタでライセンスを取って帰国したら、日本の法規試験だけ合格すれば書き換えができる……ということだったのですが、この制度変更で、結局留学できませんでした。私は渡航前に制度の変更があったので、キャンセルでお金も戻り助かりましたが、留学を終え、帰国してあとはインドネシアからライセンスが届くのを待つばかりだった方は、追加でまた海を渡って訓練が必要になったようです。結果、予定の倍以上のコストと時間を要したとか。それでもライセンス取得にこぎつけた人はまだラッキーで、途中で厳格化された審査に不合格となり、泣く泣く戻って来たという話も聞きました。その留学を斡旋していた会社は、インターネットで基礎知識の授業を行うなど、それなりに頑張っていたのですが、結局この制度変更でやむなく業務を停止してしまったようです（その後、どうなったのか聞こうとして連絡を試みましたが、できませんでした）。

こういったことは、インドネシアだけでなく、フィリピン、アメリカといった環太平洋のＴＰＰ参加国すべてに当てはまります。アメリカは、もともと審査基準が緩い方ではなかったので、変化は大きくないようですが、それでも、留学したものの免許が取得できずに戻って来た人は、私の周りでも何人かいます。そういう人の話を聞くと、例えば、英語が聞き取れなくて管制官の指図を取り違えて危険な状態に遭遇した、技量審査までの飛べる時間に限りがあって帰国せざるを得なくなった、といったものでした。アメリカでは、英語の能力に問題があると判断されると、限定付き免許が発行されます。限定というのは「管制塔（タワー）がある飛行場での離着陸ができない」という限定で、要は、田舎の農道空港みたいなとこでちょろちょろ飛ぶのはいいけれど、交通量の多い普通の空港には来ないでくださいというわけです。そして、この限定が付くと、当然ですが日本で飛ぶことはできません。免許の書き換え自体ができない状態になってしまいます。

どの話も「うわー、厳しいなー」と思いましたが、反面、今自分がやっている国内の訓練で同じようなミスをしたら「技能審査で落とされるだろうな」というミスばかりですから、「まあ、仕方ないかなー」という感じです。ＴＰＰで技能審査が平準化するということは、そういうことではないかと思います。環太平洋の市場は、さらに一つのものとして発展していく方向にあります。なので、海外でライセンスを取る方がやさしいし簡単だ、という方向にはもう戻らないでしょう。そして、これまで厳しかった日本国内では、私のように最初から最後まで訓練して取得する方法が、どんどんやさしくなっていきます。当然ですよね、そうして平準化されていくわけですから。

ちなみに海外で飛行機を操縦する場合、管制官との無線のやり取りは何語で行うと思いますか？　アメリカでは英語だけしか認められていませんが、他の国では英語とその国の主要な言葉、例えばインドネシアならインドネシア語、中国なら中国語が使えます。日本ですか？　はい、英語だけでなく、日本語もちゃんと正式に管制官とのやり取りに使っていいことになっています。なので、こちらから日本語で話しかければ、管制官はちゃんと日本語で答えてくれます。それも、そういう日本語で言ってくるのはサンデードライバーならぬサンデーパイロットがほとんどですから、比較的ゆっくりとしゃべってくれたり、管制指示も余裕をもってしてくれたりするようです。どうです、日本で訓練したくなったのではないですか？

❸ 技量維持のための技能審査制度

2014年4月からの制度変更には、自家用操縦士に関係するもう一つの変更点として「特定操縦技能審査」があります。これは、ライセンスを持っている人は2年に一回、必ず技能審査を受けてくださいよ、技能審査なくして飛ぶことはできませんよ、というものです。

なぜこんな制度ができたのでしょうか？ それは、操縦士免許を持っているのに、実際に操縦桿を握って乗らないまま5年、10年と経過している人があまりに多いからです。先にも記しましたが、操縦士ライセンサーは約3000人いるのに自家用機は約600しかなく、ほとんどの人が飛ばないパイロットだからです。フライトクラブもそれほど数があるわけではなく、多くの方がパイロットライセンスをポケットに忍ばせるだけという感じではないでしょうか。

じゃあ何でライセンスを取ったのか？ それは、やはりアメリカやフィリピン、インドネシアなどの海外で比較的簡単に取れた時代に、どうでしょう、例えば実弾射撃ツアーに参加して撃ってみて、その的をお土産に持って帰る感覚というか、ちょっとしたレジャー感覚で取得された人が多いのではないでしょうか。すると、帰ってから乗ることが目的というより、免許証を取ってしまえば、まあ「自分はパイロットだ」なんて言えるわけで、そういう満足感のために取ったとか。こういう人は、たぶん2年も乗っていないと怖くて自分一人では飛べないでしょう。すると、ライセンサーなのに、また少し訓練しなきゃということになり、そんなの億劫だと思っているうちに何年も経過してしまうことが多いようです。

あと、操縦士免許を持っているけれど、それで飛ぶことが目的ではなくて、航空業界に就職しようとか、何らかの形で免許を活用しようという人も多いようです。実際に、航空学校や航空機の整備をしている会社では、そうしたペーパーライセンサーが多く働いていました。そういう人も、実際には何年も操縦桿を握ったことがなくて、航空関係の仕事をしているからなおさら、今さら再度飛ぶために訓練を受ける気にもならないというところでしょう。技能審査制度は、そういう人にとっては渡りに船ではないでしょうか。自分ではなかなか再度飛んでみてチェックを受けたいなんて言い出せないところ、制度上そういうチェックを2年に一度は受ける必要ができたということで、「それならばしょうがない、一度再チェックしてもらおうか」ということになります。航空機学校の営業部長さんで、普段運航部のパイロットに命令する立場で、この審査を受けなければならないのは一面気が引けることもあるでしょうが、制度として必要なら「お願いしますね」という感じです。

この特定操縦技能審査、始まってみると、自家用機の世界に新しい流れを起こしているようです。それは、ライセンスだけ取って、まあ、せいぜい友人の間や飲み屋で自慢話の小道具にしか使われていなかったライセンスが、実際に飛ばなくては無効になってしまうのですから、とりあえず技能審査を受けようということになる。すると、その機会にもう一度「ああ、自分も飛べるんだ」と初心に帰る。さらに、かつての空への夢というか、情熱を思い出して、「じゃあ、どこか近くのフライトクラブで飛べないかな」とか、「安い機体の売り物はないかな」とか、いろいろと考え始めるようです。最近、航空学校で、計器飛行証明を取ろうとする自家用操縦士も増えていて、そういう人は「せっかく飛べるんなら、もう一つ上のランクの計器飛行証明も目指そう」ということになるようです。あるいは、この審査を受けるためにかつてお世話になったフライトクラブにコンタクトしてみたら、安い機体が売られていたので、即買ったなんていう人もいました。その方は、技能審査にとどまらず、新しい機体で10時間くらい教官をつけて飛んで、本当に自分のものにしようと一生懸命になっていました。つまりは、今回の技能審査制度がきっかけとなって、眠っていた需要を掘り起こすことにつながっているのではないかと思います。

このように、ＬＣＣ、ＴＰＰ、そして新しい技能審査制度など、自家用操縦士をめぐる環境の変化のどれをとっても、今後、操縦士の数は増える傾向にあることが分かると思います。さらに実技試験の一部削減なども相まって、日本国内で訓練し、ライセンスまで取ろうという人が増え、それがまたパイロットへの門戸を広げて新しい市場が生まれる——そういう発展期に入ってきたのではないかと思います。

さあ、それでは実際にあなたがパイロットになれるかどうか、まずはじっくりと自分を見つめてみることから始めましょう。

第3章 空への近道、まず自分を知ること

❶パイロットの向き不向き

パイロットに向く人と向かない人、つまり適性はあるのか、と飛行教官に聞いたことがあります。即座に「パイロットには適性がある」と断言する言葉が返ってきました。試験を終わってみて、私自身、その適性はやはりあるな、というのが実感です。

時間とお金をかけて訓練を続け、それでもソロフライトに出してもらえない、試験を受けるだけのレベルになかなか達しないという人は、実際に私の周りにもいました。特に、海外で免許取得を狙った場合、限られた日にちで訓練をこなさなくてはならず、適性がないと、ソロの前にいったん帰国ということになります。ソロフライトとは、免許を持っていない訓練の段階で、一人で乗り込んで、一人で操縦することです。パイロットにとっては生涯忘れられない記憶として残る一大イベントですが、そのソロに出るには、直接担当している飛行教官がオーケーを出さなくてはなりません。

ですが、そのオーケー、どういう基準で出されているのかは、特に訓練の途中にあってはまったく分からず、後から訓練を開始した人が先にソロに出たりすると、内心穏やかではなくなります。「何で彼や彼女の方が早いの？ 順番からいったら自分のはずなのに」となるわけです。自分の日頃の訓練で指摘されたことをもう一度おさらいして頑張ろう、という方向に気持ちが向けばいいのですが、ついつい「何であいつが先なんだ」とか、「自分と教官は合わないんじゃないか」とか、いろいろ考えてしまいます。

実は、飛行教官というのは、単なる飛行技術だけでなく、そういう不利な状況になった時の心理的な変化についても観察してるんですよ。これは、試験に合格してから、ぶっちゃけの話を聞いたところで知ったことですが、教官は生徒の精神的成長過程にも気を配っているそうです。そう言われて、書店で飛行教官の教科書みたいな本を立ち読みしてみたんですが、多いですね、生徒の精神状況に関する記載が。驚きました。心理学の本みたいに、生徒の受け答え、操縦操作のスムーズさ、訓練への積極性などから、生徒の心理状態を把握して適切に指導するにはこうするといい、なんてことが書かれているわけです。こういうところからしても、やはり飛行機の操縦士には向いてる人と向かない人がいるという感じがします。

ですが、いろいろ苦しんできた結果から言いますと、どんな人にもパイロットに向いている性格の部分と、向いてないというか、操縦士にふさわしくない性格の部分があり、結局、長い時間の訓練を通して、その向いていない性格の部分を修正、調節して、パイロットにふさわしい判断ができるように精神的な訓練を積むことが、実は飛行訓練で求められているように思います。もっと言えば、飛行訓練のかなりな部分は単なる操作方法や技術ではなくて、パイロットとしての安定性、安全性を確保できるだけの精神的な成長のために費やされているといえます。技術ではなく、精神的な成長も訓練の大事な一面です。

飛行機を飛ばすには、そんなに難しい技術は要りません。極端に言えば、スロットルをフルにして、速度が付いたら操縦桿を引けば機体は浮きます。着陸も、離陸よりは難しいですが、それでも自転車に乗れるか乗れないかというくらいの難易度といったら、操縦士のみなさんに怒られるでしょうか？ たいがいの人は難なく操作手順を覚え、20回も練習すれば、何となく一人でも降りられそうな気がしてくるものです。ただ、離陸も着陸も、「いざという時」の判断がそのパイロットの技量のすべてだということを忘れてはなりません。

20ノットのヘッドウィンドウ（前からの風）で離着陸するなら、どの操縦士も安心して気軽に、冗談でも言いながらできると思います。が、しかし、風がアビーム（真横）から同じ20ノットで吹くようになったら、横風ランディングです。軽飛行機なら集中して五感を働かせないといけないでしょう。同じ風でも、その吹いてくる風の向きで、ランディングの難易度といいますか、すべきこと、注意するポイントが違ってきます。なので風が20ノットくらいあれば、いつでも横風ランディングに切り替えられるくらいの注意意識と、もし判断と実際の風が違って機体が異常な姿勢になりそうな場合は、直ちにゴーアラウンド（スロットルをフルにして着陸をやり直すこと）に移れるように、心の準備をしておく必要があります。

そうです、実際にやっていることは大したことではありませんが、そこに至る判断や心構えというか、注意点というか、そういうのがちゃんとしているかどうかが大切なんですね。すると、どうでしょうか、自信過剰な人は、操縦操作ができたから「なーんだ簡単じゃないか。早くソロに出させてくれ」ということになります。一方、慎重な人は、いろいろ考え過ぎて、そのうち何をすればいいか分からなくて手が止まってしまったり、教官が行った操縦操作に対して「あの時はともかく、状況が違ったらかえって危険ではないか」なんて考え込んでしまったりします。何が言いたいかというと、バランスだということです。現実に起こっている状況を冷静に把握して、その時点での最も最適なバランスのとれた判断を下す能力。これが、パイロットの適性ではないでしょうか。だから、技術的にはもう十分と自分では思っても、その判断が薄っぺらだったり、逆に不必要なことを考え過ぎたりすると、やはりソロには出してもらえないんじゃないかと思います。

大阪の航空学校で、何年も訓練で飛びながら、ソロに一度も出ていない方にお会いしたことがありますが、話を聞いて「ああ、この人にはかなわないなー」と感じたのを覚えています。知識の面では、すごいんです。エルロンがどうだとか、方向舵の初期設定はどうだとか、細かい知識において、たぶん彼より知っている訓練生はいないと思います。しかし、です。そういう知識は、逆に判断をややこしくさせるだけで、実際の操縦判断には、そのうちの氷山の一角だけでいいというのが実情です。要は、どの氷山の頭の部分を持ってくるか、その概観的判断能力を問われているわけで、その水面下にある氷山の形なんかはどうでもいいんです。周りを見ていても、訓練でなかなか先に進まない人は、知識はすごいことが多かったですね。本人は、遅れる分余計に「じゃあ、もっと勉強しよう」ということで輪をかけて知識量が増えていくようですが、それがかえって上達を遅らせているようです。

でも、そういう知識は無駄ではないんですよね。そして、誰でも、知識面で先に走って体や判断がついてこない時期はあるものです。教官に言わせると、そういうのを「学習高原」というそうです。勉強して知識を詰め込んだ状態で、しばらくは急激に実際の操縦が上達するけれど、ある時突然、その上達が止まってしまう、下手なところが出てきてしまう時期を、学習高原状態と呼ぶそうです。その時期は誰にでもあって、そこを抜けると新たな技量上達のステップが始まるのです。みんな高原にいる時はもがいたり苦しんだりするそうです。思うに、なかなかその高原状態から抜け出せずにいる人が、より知識に頼って、まだ高原をうろうろしている状態が、先のソロに出られない方の例ではないでしょうか。

では、それを抜け出すのにどうすればいいか？ それは、やはりバランスだとしか言いようがないんですね。このバランス、それが理解できるかどうか、そしてバランスが大事と骨の髄まで性格として取り込めるかどうか、これがパイロットの向き不向き、適性になっているようです。

こういうパイロットに欠かせないバランスのとれた精神状態にどれだけ近いかで、その人の訓練方法や場所を選ぶ必要があると思います。冷静でバランス力も判断力もある人は、いったん短い期間で外国のライセンスを取って、改めて日本の空に向けた訓練をしてもいいでしょう。外国と日本の両方の空を飛ぶ能力が必要になりますが、こういう人ならそれが可能だということです。一方、性格的に大雑把、もしくは極端に細かい、どちらかの方向にバランスが欠けているという人は、絶対に日本で訓練した方がいい。なぜなら、海外でそういう自分の性格的な欠点に思いをはせるのは至難の業だからです。たとえ日本人の教官についたとしても無線は英語ですから、英語で作業する中で自分の性格や本性を把握していくのはなかなか大変ではないでしょうか。むしろ、国内でじっくり性格や適性を診断してもらいながら、ある時期は詰め込んだり、ある時期は休んで、熟成させながら訓練を進めることが大事です。

いずれにしろ、パイロットに求められる技能の中で、判断力というか性格は重要な要素ですので、それを第三者に見てもらいながら向上していく方法が欠かせないでしょう。そういう適性診断を受けながら、判断力にも磨きをかけていくことが、結果的には最も短時間かつ経済的に免許を取得できる近道になります。

❷ 操縦には性格が出る

「パイロットの7割頭」という言葉があります。空中で操縦している時には、地上ならできる簡単な計算もできないことがありますが、ごく普通の地上生活に比べて、操縦中は7割しか頭が働いていない、という意味です。そうなると、何が起きると思います？ まず、自分では思いもしなかった変な操作をしてしまうこともあるんです。私も試験の前に、絶対にいつもやっている以外の操縦操作をしないよう、しつこく注意を受けていました。でも、というか、案の定、いつもしないような野外飛行のルート修正を試みたり、ストールの回復操作でスロットルを逆に入れてしまい、はっと気がついた時には機体は正直にそっちに動いている、ということがありました。そこから修正をするには、ミスをしない場合の何倍もの苦労が必要で、「何であんなことしたの？」と聞かれても、すぐには答えられませんでした。

その時のミスは、今でも痛恨というか心残りで、思い出すたびに歯がゆい、きゅんと胸を締め付けられるような何とも言えない悔しさがこみ上げてきます。頭では分かっていたはずなのに……というわけです。で、そういうことは、訓練の初期にはいっぱいありますね。むしろ、そういう「分かっちゃいるのになぜできないの？」の連続です。それが、言ってみれば7割頭で、むき出しの性格の部分が出てくるということです。

自動車の教習で、車の運転席は密室なので、運転にはその人の裸の性格が出やすいといったことを習ったような気がします。飛行機もそれに輪をかけて密室であり、かつ慣れない空中にいるために思考能力が7割に低下し、理性や論理的思考が姿をひそめ、一方の「もろの性格」が出ます。普段穏やかな人が、車のハンドルを握った瞬間、スピード狂に変身……みたいなことが、飛行機の講習中でも起こります。車で思い出していただくと分かりますが、そういう動物的というか性格丸出しの運転になった時、最も事故の危険性が高まるわけです。

自動車の任意保険では、年齢の低いドライバーを対象にしない保険の方が、かなり保険料が安くなりますよね。理由は若いドライバーの事故の確率が高いからですが、なぜ若い人の事故が多いんでしょうか？ 自分をよく見せようと、ついスピードを上げる。ギリギリのところでも「自分にはできるんだ」との思い込みで無理な運転をするなど、いろんな理由が浮かびますよね。若いから、なんて片付けないでください。彼らは、確かに若くて、向こう見ずで、いいかっこしいで、とげとげしていますよね。私はそういう若者が好きです。なぜなら、そういうとげとげしさが、彼や彼女の成長の原動力になるからです。しかし、こと自動車の運転や飛行機の操縦になると、とげとげしさ全開では危険だというのは、お分かりになるでしょう。

さて、飛行機の操縦に話を戻しますと、車と違って飛行機は、事故を起こしたら大きくなるということです。街中で起こりうる自動車事故と、滑走路や空中で起こる飛行機の事故。その被害の大きさの差は、想像するまでもありません。だからこそ、飛行機でソロに出るということは、あらゆる危険を予知し、それに7割頭のまま冷静に対処できるかどうかが問われているわけです。

どうです。何となく分かっていただけましたでしょうか。自分を抑制し、客観的な冷静さをいつでも維持できて初めて、ソロの資格ができます。単に離着陸の操作手順を覚えただけでは、教官は「さあどうぞ」とソロに出してくれません。ソロフライトの日に、たまたま突風が吹いて通常の姿勢が保てなくなることなんて、いくらでもあることですから。そういう時に、冷静に「あ、ここはウィングロー」とか、「あ、こうなったらダメだね、さあゴーアラウンド」とか、そういう判断がいるのです。異常というか危険な状況になっているのに、通常の手順しかできないようではダメなんですね。

いろんな性格の人がいて、いわゆるマッチョな性格の人は、横風にも怯まず「えーい、このくらい何とかなるわー!」と心の中でつぶやきながら、修正しつつも無理に着陸を試みるでしょう。反対に、物を見てるようで実は見てないタイプ、こういう人は人の話も半分しか聞かない人が多いですが、そういう人は、怖ろしいことに風が変わったことを認識せずに通常手順に終始して、最後は教官から無線で「ゴーアラウンド!!」と叫ばれて初めて気がつくタイプ。もしくは、いろいろ考えて、「風が横からになってるなー、えっとウィングローが最初だったっけ。それとも方向舵でクラブ取るのが先だっけ。あ、着地、これペダル中立でないと横向いちゃうよなー。えっと、えっと……」なんてやっているうちに地面が迫るというタイプも。

以上述べたような性格、マッチョ、鈍感、頭でっかち……どの性格も、実は誰でも少しずつは持っているものでしょう。そこで大切なのは、ある状況に対してバランスの取れた適正な判断をするためには、自分が持ついろんな性格のどこを気にすればいいのか、それを把握しているかどうかです。私でいえば、普段は人の意見を聞かないタイプ、自分の興味のあることしか耳に入らないタイプなので、まず飛んでいる時には、情報判断に注意します。管制官の他機への指図も意識してよく聞いて、今の風や周辺の混み具合などを常時注意するようにしました。そして異常事態になると、今度はどっちかというとマッチョな性格、「えーい」でやろうとするのを抑えて、できるだけ自分の言葉で状況を説明し、解決策を認識するようにしました。その時、声に出してぶつぶつ言うことも役に立ちました。そういう言葉による認識を経ないと、自分をよく見せようと、判断を誤ることがあるのを認識したからです。

ライセンスを取ったら、それこそすべて、どんな事態にも一人で対処しなくてはなりません。このことの重みに耐えられないなら、最初から飛ぶのはあきらめた方がいいでしょう。それでも飛ぼうというのですから、パイロットの多くは、やはりどこかで自己顕示欲が強い人たちではないかと思います。そうでありながら、同時に自分の限界も知っている謙虚なところもあるはずです。「怖いよなー」とか、本気で感じることもあるでしょう。そういう状況をマネージメントするには、やはり自分の性格をよく知って、それに沿うような訓練をすることが欠かせません。

私の場合、幸運にも職場に心理カウンセラーがいる環境でしたので、実は、操縦士訓練のそれぞれの過程（先ほどの学習高原を抜け出す方法も含めて）で、そのカウンセラーの適性試験を受けたり、カウンセリングで自分の性格を掘り下げてみることができました。そういう心理的訓練は、エアラインのパイロットなら訓練の過程で受ける機会があるようですが、自家用操縦士を目指す一般社会人にはなかなかチャンスはないようです。が、できるだけ、いろいろなチャンスをとらえて、自分を知ることに努めた方がいいのは、言うまでもありません。

❸自分を知らずに風は読めない

昔、私は、プレジャーボートやヨットにはまっていたことがあります。そこで「船は一人の力では動かせない」ということをいろいろな機会に学びました。それは、無理すればできるんですよ、一人でも。特にモーターボートの操船なんか、40フィートくらいまでなら一人でも可能でしょう。でも、いざ入港して桟橋に着けるとなると、一人では不安です。そんな時、桟橋に船仲間を見つけて、「ロープ取ってよ！」なんて言えれば、やはりホッとします。風のある日に狭いバースに横着け、もうギブアップ寸前で強行したこともあります。いくらうまく船体を桟橋に平行に持ってきても、自分が操船席からもやいロープのところまで走って行って岸に投げ、次は桟橋に飛び移って、そのロープをクリートにつなぐ……そんな長い時間、風はほっといてくれません。たいがい、どっかで、船体は、好ましからぬ方向に流れ始めます。

ヨットはもっと日常的に何人かの手が必要です。シングルハンド用のヨットもありますが、それでも2人はいるというのが実情です。ヨットレースでは4人くらいはいりますよね。舵（ヘルム）を持つ人、船首でジブセールやスピネーカーを扱う人、メインセールを担当する人など。そして、誰かが風を読んで戦術を決めるタクティシャンを務めなければなりません。そういう人たちのチームワークがうまくいって初めて、ヨットが風に乗って行きたい方向に進みます。これを、飛行機の操縦士は、全部自分一人でしなくてはなりません。だから、あんな小さいコクピットで、両手両足を使っていろんな装置を動かすんだろうな、と最初の頃考えて、それにすごく納得していました。

余談になりますが、ヨットと飛行機は同じ原理で動いていることをご存じですか？ 飛んでいる飛行機を90度横向きに回転させ、つまり片方の翼を垂直に上に突き出して、もう片方を垂直に地面に向けて、そのまま操縦席までじゃぶんと海に浸けたら、はいヨットの出来上がり。海に沈んでいる方の翼は、ヨットではキールと呼ばれ、船体の横流れを防ぐ役割をしていますが、その形は戦闘機の翼そっくりですよね。一方、空中に出ている翼はヨットのセールです。ヨットが後方から風を受けて進む場合はいわゆる帆掛け舟の状態(風に押されて進む)ですが、風を横、あるいは前方から受ける場合は、セールは飛行機の翼と同じく揚力を発生する役割を担います。セールが発生する揚力のうち、ヨットを横流れさせる方向に作用する力をキールで打ち消し、残りの前方に進む方向に作用する力を利用して「風の力で風上に進むことができる(といっても約45度まで)」のが、ヨットです。

一方、飛行機は、翼が発生する揚力が重力に対抗することによって、空中に浮かんでいます。飛行機の揚力は空中にある間必ずコントロールして、自重と釣り合わせないといけません。釣り合

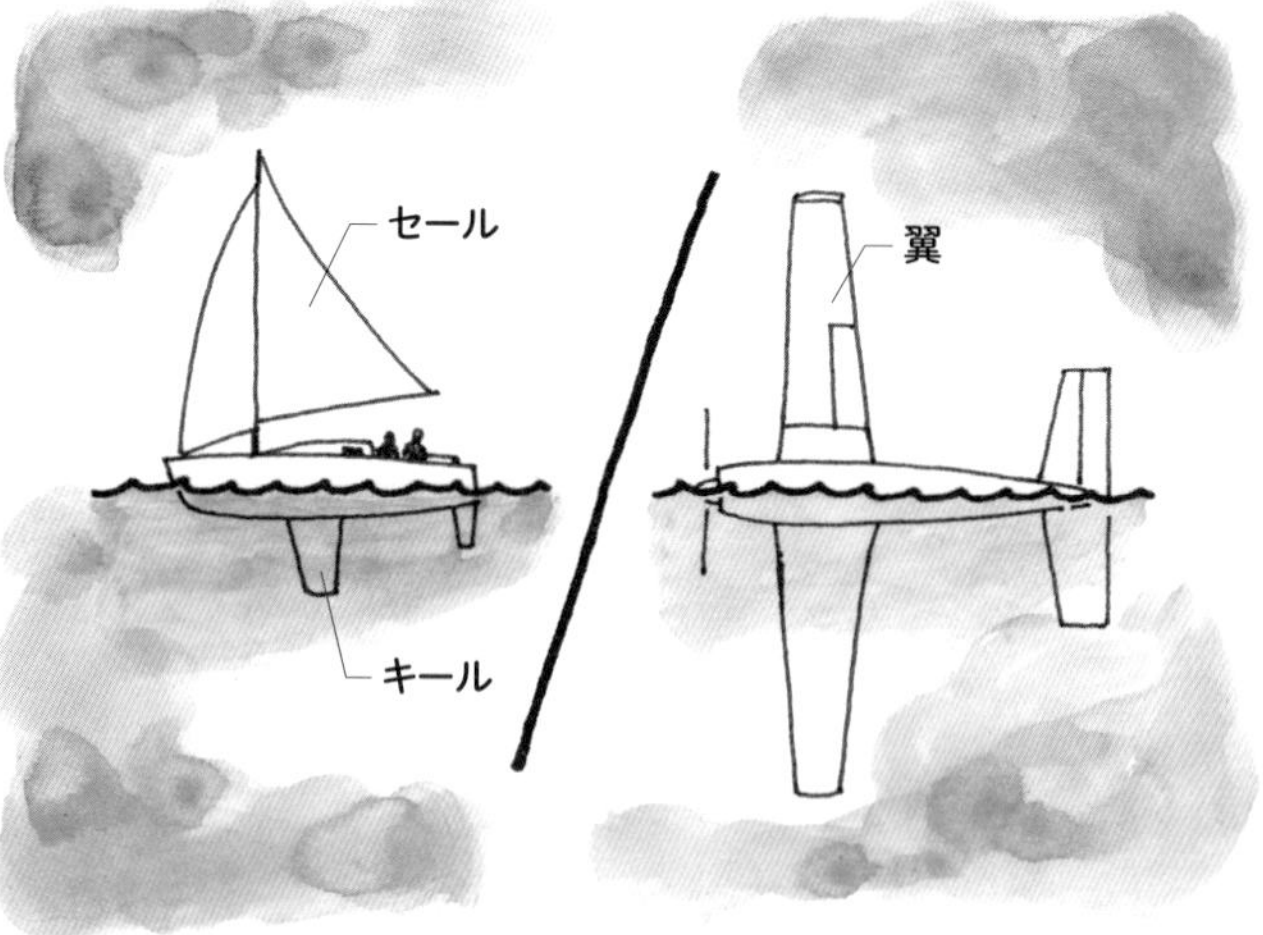

セール
キール
翼

ヨットの「帆走」と飛行機の「飛行」は、ともに「揚力」を使っている

いが保てなくなると、機体は上昇するか降下するかします。つまり、揚力調整が常時必要だということです。そして、揚力を得るにはスピードが必要で、それ以外にも、飛行機は進んでいる間、どっちに向かうかヘディングの調整も必要です。こうして同時にいくつもの力を調節しながら、うまく3次元の空中を行きたい方向や高度に向かわなくてはなりません。

これはパイロットにとって、何を意味すると思いますか？　そう、同時に何種類もの計器に気を配りつつ、いくつかの装置を一体として操作しなくてはならないのです。前に友人夫妻を乗せて飛んだ後、感想を聞いたら、「何だか大きなコンピューターをいろんなスイッチ触って動かしているみたいだった」と言われました。同時にいろいろ見て、操作していると、傍からはそんな風に見えるんですね。

同時にいろいろな作業を行うと、当然、一つ一つの作業に対する判断や集中力が分散します。例えば、風。いま自分の飛んでいるところではどういう風が吹いているのか、操縦桿を握り、進路や高度を気にしながら、さらにスロットルで速度にも注意しながら、考えるのです。ＧＰＳや管制無線から風の向きや強さの情報は入ってきますが、それが現在位置に当てはまるかどうかは分かりません。ＧＰＳの風向風速は過去のデータから計算したものですし、無線で聞こえる情報は自機から何マイルも離れた観測点のものです。すると、短い時間で感覚として風を感じながら飛ぶことになりますが、この感じ方、そしてずれた場合の修正方法などに、如実に性格が表れます。

せっかちな人、アバウトな人、情報に鈍感な人。風の読み方一つをとっても、性格によって、どのタイミングで、どのくらい正確性を持って行うかなど、人によっていろいろです。

どの方法も、間違いだということはありません。間違ってはいなくても、それぞれの方法で陥りやすい危険性とか、注意すべき点が違っているので、それを十分認識しておく必要があるということです。風の読み方を、どちらかというといつもＧＰＳの画面で見ているような人は、着陸時にはその頭を外して、より体で風を感じようと意識しないと、接地の瞬間に間違うこともあるでしょう。いつも体感を重視して風を読む癖のある人は、目標物のない海の上や雲の上を飛行する時には、もっとＧＰＳの風の数値を読むことを意識しないと、思った以上に自機が流されているか、もしくは逆に流されていない場合もあるでしょう。管制官の無線からしか風を認識しない人は、空港から離れれば離れるほど、ＧＰＳや体感を意識して確認する必要があります。

以上は、まあ極端な例ですが、操縦に性格が出て、それが「くせ」につながり、その癖をほうっておいたままでは間違うこともある、ということです。逆に、癖は癖のままでもいいのですが、それをあえて認識、意識して、「自分にはこういう癖があるから、このところは注意しましょう」と言い聞かせておけば、訓練の上達もものすごく速くなります。自分を知り、性格を把握して癖を認識すること。これが、自分の訓練の計画を引き締まった無駄のないものにできるキーワードだと思います。

❹ 絶対に甘くはない自然

マナーのいいヨットマンは事故が少ない。よく、マリーナなんかでワイワイやっている時に、そんな話が出たことがあります。考えてみると「その通りだなー」と、何人かマナーのいいベテランヨットマンの顔を思い浮かべました。そういう人は10年以上の経験があり、私のような冷やかしのヨットマンには想像できないようないろいろな経験をされているようです。マナーのいいヨットマンが事故が少ないというより、長年海に出ていると自然とマナーがよくなってくる、ということではないでしょうか。

それは、やはり波や風に性格が削られるんだと思います。先に若い人に自動車事故が多く、それはとげとげした性格が原因ではないかと書きましたが、そういう若者も、海に鍛えられて丸くなってくるのです。最初は、ある程度のマッチョや自意識過剰でないと、ヨットなんてやろうとしませんよね。そして経験を積んでいくと、マナーがよく、スマートな振る舞いができるようになる。ベテランヨットマンのみなさんは、社会ではそれなりの地位にあると思いますが、そういう方でも、新しい仲間を迎える時には、かいがいしく世話を焼いたりします。伊豆大島の波浮港あたりで、日の出と同時に、若いクルーがまだ寝ているのに、オーナー自らが前の晩の宴会のごみを片付けている光景を見たりすると、「ああ、すごいなー」と感じるし、上ってくる朝日のようにすがすがしく、いい気分になりますね。

そういうオーナーの船はいつもピカピカで、事故なんて考えられないという、なにか神々しささえ感じさせながら、ゆっくりと出港していきます。で、そういうオーナーは無茶をしないかというとそうでもなくて、昔は、台風が来ているのに平気で出て行ったなどという武勇伝を持っていたりします。海の男の自慢話は話半分としても、「そういう危険な目に遭ってきて今がある。だけど、今なら絶対にあんなことはしない。いや、できないね」なんて話になります。彼なりにいろいろあって、今の丸くなったキャプテンがいるのでしょう。

彼らは、長年の経験から、いつも言われることですが、「海を侮ってはいけない」ということを肝に銘じています。風の安定した、波の静かな海、そんなところで安全に航行するのは当たり前で、いざ荒れてきた時に、ヨットマンとしての技量が問われるのです。どの人も「これ以上行ったらやばい、自然にはかなわない」というラインを持っています。それを肌で知っているわけです。そういう謙虚さが、結果的に船の安全につながっているのだと思います。

そう、そのことは、飛行機にも言えることですね。特に軽飛行機はそうです。船も飛行機も、小さい方が操船、操縦が難しいんです。エアラインパイロットになった人が「大型機は飛ばす楽しさがない」と言うことがあるそうですが、大型機はほとんどの操作がコンピューター化されていて、操縦なんかしなくても、機械に数字を打ち込めば飛んでくれるのです。では、普段何をしているかというと、エマージェンシー（緊急操作）の訓練ばかりやって、いざという時の危険回避操作を練習し、飛んでいる時は、そういうことが起こらないかチェックしているそうです。そうすると、かつて小型機で練習していた時のように、風を読んで、機体を傾けたり、五感を働かせながら操縦したりということがなくなってつまらないと、その機長は愚痴っていたのだと思います。

軽飛行機って、だから面白いんでしょうね。自然との調和というか、「そこを何とか、こっちにこう飛びたいんで、お願いしますよ」的に、風や空気と対話しつつ飛ぶ楽しさというんでしょうか。それが飛ぶこと自体の面白さにつながっています。この技能の習得は、パイロットなら全員もれなく通らなくてはならないところで、たとえ大型機をコンピューターで動かしていても必要な感覚だと思いますが、そういう一種のスポーツ感覚があった方が、飛行機の操縦訓練も楽しいの

船も飛行機も、小さい方が外からの影響を受けやすく、操船操縦が難しい

ではないでしょうか？

私と同じ訓練場所に、将来は自家用ジェットの操縦もしたいと考えている人がいました。そういう人にとって、最初に通らなくてはならない軽飛行機の訓練は苦痛かもしれませんね。ジェットのパワーがあれば気にしなくていい乱気流や風に対する対処方法も覚えなくてはなりませんから。でも、自然を感じ、風を意識しつつ飛ぶことの楽しさを、自然に対する畏敬の念と合わせて胸に秘めることは、重要ではないかと思います。なぜか。ジェットの力でコントロールできる自然の力なんて、ほんの一部でしかないからです。空から地上を見て飛ぶことは、爽快感と同時に、人間の力の小ささを再認識させてくれます。侮れない自然の中だからこそ、自分の思い通りのランディングができた時の気持ちよさは、ずっと忘れられないものになります。私の教官も「満足のいくランディングなんて、1年のうちそう何度もない」と言ってました。自然に向き合うパイロットの姿を感じたのを思い出します。

そうした自然相手の操縦に、自分を知らず、性格も把握せず、癖を知らないで向かい合う……そんな勇気、私にはありません。まずは自分を見つめ直すことが必要でしょう。具体的には、適性検査を受けるとか、コストをかけてでもプロのカウンセリングを受けるとか、そういうことが結果的に、早く効率よく自家用操縦士免許を取得できる近道になると思います。

❺ 適性検査の勧め

どうやったら自分の性格を知ることができるか？ まずは、意識することです。言葉に出して自分の性格を分析してみましょう。「ほんの少しだけ、どうも他の人と考え方が違うなー」とか、「あれ、そんなんでいいの？」とか、心の中にちょっとした波風が立つような場面、ありませんか？ そういう機会をとらえて、どうしてそう思ったのか考えること。それが自分の性格を知る一番の近道でしょう。

面白いことに、ヨットも飛行機も、着岸とか着陸とか、帰ってきた時の操作にそういう「違和感」が表れるようです。なので、船をやっている人は、自分の着岸操作のいつものパターンがどんなものか、自問してみてはいかがでしょうか？ あるいは、車の車庫入れでもいいと思いますよ。要は、最終の着地、物事の収めどころの行動が、性格分析に向いています。

仕事のパターンでもいいです。仕事には、節目節目でけじめをつけられるものが多いと思いますが、例えば車のセールスでは、お客さんとの契約が済み、実際にお金が支払われる瞬間が、仕事の着地点みたいなものでしょうか。その最後の瞬間に、どんなことが起こりますか？ お客さんの方が勢い込んで期日前に振り込んでくれることで終わるのか、それとも、なんだかんだと催促をしてやっと振り込んでくれるとか、その終わり方にはいろいろなパターンがあると思います。そして振り返ってみると、同じようなパターンで終わるケースが多くないですか？「いつもこのパターンで終わるよなー」とか。ここに、あなたの性格が表れているのです。

つまり、着岸、着陸、仕事の仕上がり……などの着地点には、それまであなたのやってきた作業の集大成が表れるということ。その時、あなたの性格がどういうものだったのか、めちゃくちゃはっきり出てしまうということです。「そういえば」と思いつくことがあると思いますが、それは、どうです？ほとんどが失敗のパターンではないですか？そう、失敗に終わる時のその瞬間、結構同じことが起こっていませんか？だから、操船でも車庫入れでも仕事でも、どうか失敗したケースをじっくり思い出してください。その失敗の原因というか、分岐点の瞬間、それをもう一度よく思い返して分析してみてください。いい、悪いという評価はしない方がいいですね。評価を始めた瞬間、自分を守ろうとして冷静な分析ができなくなりますから。ちょっとでも、その分岐点の原因で考えられることを思い浮かべてください。「営業で、製品の説明に入ると客は引いちゃうんだよなー」と考えた人がいたら、多分それは性格が消極的なのでしょう。「なぜか客が積極的な商談の方が、壊れるパターン多いよなー」という人がいれば、多分それは受け身な性格が災いしているのでしょう。

どうですか、性格というのは、いろんなところに顔を出しているものですよね。で、それを知るには、上記のように失敗の分析から入るのが一番ですが、あるところからは、やはり専門の心理カウンセラーに一度はチェックしてもらった方がいいでしょう。テストは30分もかかりません。厚生労働省は従業員の数が一定を超えると福利厚生として、そういうカウンセラーを置くよう指導していますから、大企業の場合、人事に聞いてみたらそのチャンスはあるはずです（もし「何でそんなカウンセリングがいるんだ」と人事に聞かれたら、どうぞ、この本を渡して、「船も飛行機もプロの操縦者はみんな、自分を知るところから始めているそうだ」と言ってくださいね）。

とはいえ、パイロットライセンスを取ろうとかいう人は、自営業か会社オーナーが多いですよね。そういう会社では、心理カウンセラーはまだ無縁のところが多いと思います。でもネットで検索すれば、しっかりとした資格のあるカウンセリングオフィスがたくさん出てきますから、そういうところに相談するといいでしょう。簡単なテストやカウンセリングで、あなたの性格を教えてくれます。

それを出発点として、そしてその後のいろいろな場面で、「これ、自分の性格だよなー」という自己分析を繰り返すことが必要です。その積み重ねで、少しずつ性格の気に入らない部分が削れたりします。で、その削り方というか、どういう性格になりたいかというのが次の段階で必要になりますから、そこは単に「いい人」になりたいというのではなくて、パイロットにふさわしい性格になりたいとはっきり決めて、分析してください。すると、これまでの自分の性格に似た人が周りに出てきたりすると、えらくその行動に納得するようになるでしょう。パイロットに必要な性格は、言ってみれば、概観力ある予知能力だと思います。そういう風に「自分を変えていく楽しさ」が出てきたら、さあ、もうあなたは、十分操縦練習に進む資格ができてきたと言っていいでしょう。

第4章 まずやること、それは「学科試験」

❶ 適正を知ったら、学科試験へ

自分を知り、性格を把握して、癖を知る。そんな適性検査やプロのカウンセリングを受けて、よし、操縦士免許にチャレンジしようということになったら、次にすべきなのは、学科試験に合格することです。海外で免許を取得し、帰国して書き換える場合には、手続き的には先に学科試験に合格する必要はありません。帰国してから法規の試験だけ受ければいいです。しかし、いきなり海外で英語の教科書から入るより、日本語である程度知識をつけたうえで海外の筆記試験に臨む方が、早く免許取得に漕ぎつけられるようです。

当然ながら、海外で免許を取得する場合でも、筆記試験はあります。アメリカでは、ネット上でいつでも受験でき、すぐ合否が分かるので、合格できなければまたトライすればいいそうです。筆記試験の内容は、日本と同じ「航空工学」「気象」「航法」「通信」「法規」。そうすると、工学や気象の専門用語をいきなり英語で見ても分かりませんし、それを英語の説明で読んでも、もっと分からないでしょう。なので、先に日本語で勉強してから海外で受験するのが得策です。そして、どうせ知識を詰め込むなら、教科書を読むだけでなく、試験のために勉強した方が効率がいいはずです。

一方、国内で免許取得を目指す場合、これはもう間違いなく、まずは学科試験にトライすべきです。実地の飛行訓練をどの段階で開始すべきか、最初は悩むところですが、最も効率よく合格を目指すなら、まずは学科試験のスケジュールを決めて、その勉強の合間に時間があったら飛行訓練を受ける、というのがいいでしょう。机上の学習ばかりでは、何かと具体的なイメージがつかみにくいので、学科試験までの間に5回から10回くらい飛んでみることをお勧めします。

ただし、飛ぶことが楽しくなって学科の勉強がおろそかになるようなら、そこはぐっと我慢して、学科試験を優先すべきです。何の知識も着眼点もないまま何回飛んでも、それは遊園地の乗り物に乗っているのと同じで、楽しいだけで終わります。「実地で飛ぶのを優先する傾向があるな」と自分で判断したら(ほら、ここでも自分の性格を知る効果が出てくるんです)、いっそのこと担当教官に「学科試験が何月にありますから、しばらくはそちらに集中します」と宣言して、自分から学科試験に合格しないと実地訓練に行きづらい環境を作ることが必要です。そうすれば、机上の勉強にも力が入りますよね。

時間がなければ、まず学科試験の準備だけをしてもいいと思います。飛行訓練については、後の章で詳しくお話ししますが、訓練場所の飛行場に行くのに往復2時間くらいかかるケースが多いので、時間と労力を消耗します。それだけかけて行って、30分くらい飛んで帰ってきたりするわけですが、もしそれが負担なら、まず学科試験だけ受けても問題はありません。しかし、できることなら1回でも2回でも訓練生として操縦桿を握る経験があった方が、学科試験の内容が「ああ、あのことね」と実感できて、机上の学習もはかどると思います。まあ、ネットにはいろいろな情報が出ていますから、それを確認しながら勉強を進めるという方法もあります。

総合すると、適性検査の後、免許取得の方法や道筋がおおよそ決まったら、すぐにでも学科の試験勉強を始めて、参考書を購入して読み始める。同時に、どこで、どの教官について実地訓練で飛ぶかを検討し始めて、余裕があれば、何回か実際に訓練を受けてみる。という方法がいいです。実地の訓練を開始するには、後で述べる「航空機操縦練習許可書」を取る必要があり、その手続きには短くても1カ月はかかってしまうので、訓練の準備を始めてから実際に訓練飛行できるまでには、2カ月くらい必要です。その間に学科の勉強を始め、学科試験までに訓練できたらラッキー、くらいのつもりで臨むのが最良の方法でしょう。

❷過去問に始まり、過去問に終わる

というわけで、学科試験です。自家用操縦士の学科試験は年に何回かしか行われないので、まずは国土交通省のホームページで試験日程を確認します。２０１４年10月現在だと、トップページ「政策情報・分野別一覧」の「航空」→「一般利用者向け情報」→「航空従事者技能証明等を申請される方へ」と進むと、学科試験に関する情報にたどり着きます。毎年３月、7月、11月に、東京や大阪、その他の都市で試験が行われていることが分かります。

同じページで見てほしいのが「航空従事者等学科試験解答及び過去問」です。ここに過去3年間分の学科試験の問題と解答が公表されています。一覧の中から自家用操縦士の問題を選んで開いてみると、下に掲載したような文書が現れます。これは試験当日に配られるプリントと全く同

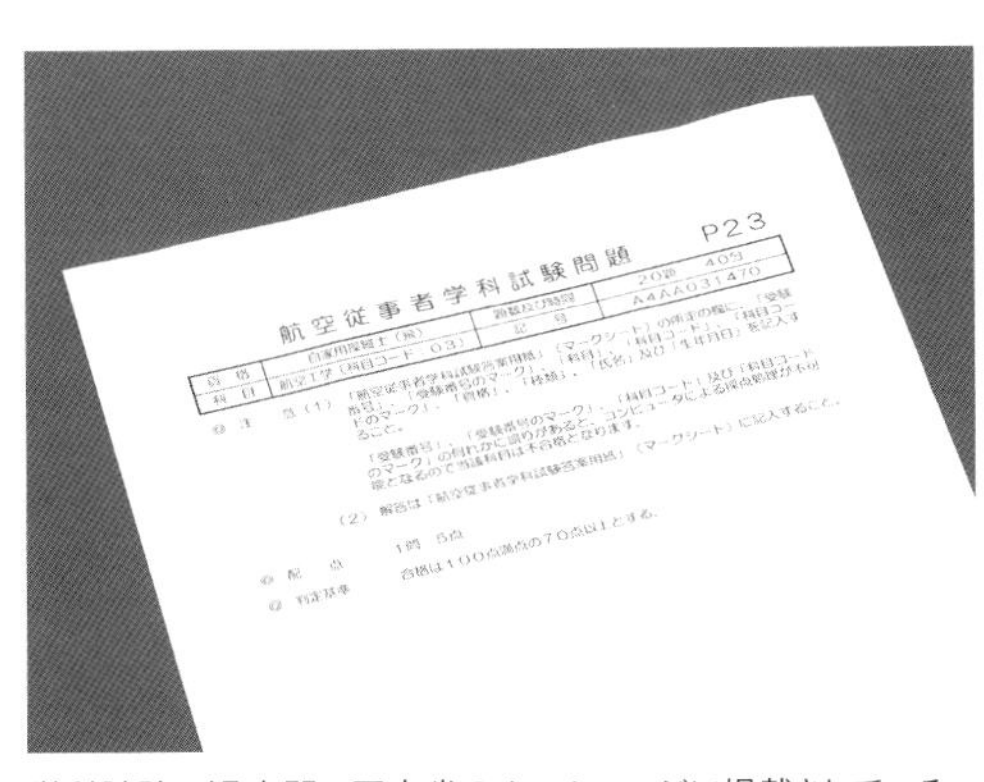

学科試験の過去問は国交省のホームページに掲載されている

じ内容で、試験では別にマークシートが配られ、解答はこちらに記入します。

でも、これを印刷して勉強に使おうなんて思わないでください。過去問題は、ちゃんと本になって出版されています。国交省のホームページには問題と解答の正解番号しかありませんが、本の解答には解説がついているので、そちらを購入すべきでしょう。『学科試験スタディガイド』(日本航空機操縦士協会刊／5000円＋税)がいいと思います。この本には自家用操縦士には関係ない事業用操縦士などの問題も載っているので、訓練生の中には、持っている人に必要なところだけコピーさせてもらっている人もいました。でも、私は、買った方がいいと思いますね。ま、これも性格の問題で、コピー用紙だけでは勉強した気にならないし、やっているうちにページや順番がバラバラになりそうで……。

この本を手にすると、右端に辞書みたいなインデックスが付いているのに気づくでしょう。それが試験科目で、自家用操縦士に関係するのは「航空工学」「航空気象」「空中航法」「航空通信」「航空法規」の5科目です。試験では各科目で20問が出題され、いずれの科目も70パーセント以上(20

過去問と解答と解説が載っている『学科試験スタディガイド』(日本航空機操縦士協会 刊)

問中14問以上)正解すれば合格です。問題はすべて選択式で、記入式はありません。やってみれば分かりますが、そんなに難しくないです。同じような問題が繰り返し出題されますので、しっかり過去問をやれば、まず合格します。

『学科試験スタディガイド』には自家用操縦士とは関係ない問題も載っていると書きましたが、自家用の部分を明確にするために、本を入手したら次の作業をしておきましょう。各問題番号の下に「事業飛」「定期飛」などの文字がありますが、これは事業用操縦士試験の問題、定期運送用操縦士の問題という意味で、私たちに関係するのは「自家飛」(自家用操縦士・飛行機)と「自家飛回」(自家用操縦士・飛行機ならびに回転翼)と書いてある問題です。回転翼とはヘリコプターのことですが、一部の問題は飛行機と共通のため、このような表記になっています。「自家飛」「自家飛回」と書いてある問題に、蛍光ペンなどで印をつけてください。ただし、あまり大きな印はつけないように。なぜなら、問題を解いていくうちに「これはもう一度学習すべき」「これは試験直前にも要チェック」などと問題ごとの色分けをしていきますから、その空白は残すという意味です。さて、マークをつけて「自家飛」「自家飛回」の問題はこれだけと分かると……どうで

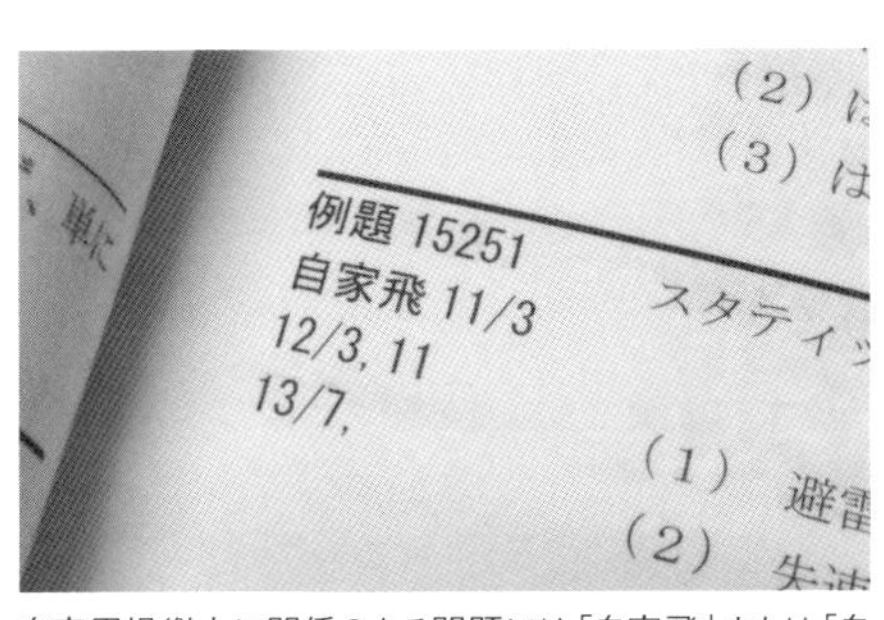

自家用操縦士に関係のある問題には「自家飛」または「自家飛回」の文字がある

す、そんなに量は多くないですよね。
問題と解答とその理解については、例えばこんな感じです。最初の航空工学、自家飛に「ベルヌーイの定理について、正しいのはどれか?」という問題があります。「静圧と動圧の和は一定である」が正解です。下の解説には数式がありますが、一読すればよく、数式を覚える必要はありません。「ふーん、静圧は大文字のPか。動圧は小文字のpって、なんか決まった数字っぽいな。で、Vとあるから速度だな。そうか、動圧って速度の二乗に比例するんだな。で、それを足すといつも全圧、一定ってことね」。このくらい理解すればいいです。

可能なら、最近試験に合格した自家用操縦士の人に教えてもらいながら勉強できると、倍のスピードで理解できると思います。いずれにせよ、地道に一問ずつ解いていくわけですが、私はまず2回流して解いてみました。すると、たいてい同じ問題でつまづくので、そこに星マークをつけて繰り返しやりました。そうやって苦手な問題を絞り込んだら、後はそこを集中してやればいいので、そんなに時間はかからないでしょう。

「ベルヌーイの定理」に関する問題・解答・解説。数式を覚える必要はないこの『学科試験スタディガイド』を征服したら、最後に国交省のホームページに出ている過去問題の「最新のもの」と「一番古いもの」をチェックします。ここには『スタディガイド』に掲載されていない年月の試験問題が出ている可能性があるからです。さあ、それをA４の紙にプリントアウトしてください。これで即席の模擬試験になりますよね。時間も本番通りにして解いてみましょう。そして、ホームページの解答を見て自己採点します。間違った問題については、資料を見るなり、人に聞くなりして、十分研究してください。ここまですれば、たいてい合格するでしょう。

次に、さらに掘り下げた知識を身につけるためはどんな本を読んだらいいか、解説しましょう。

❸ 読むべき本、読むべきではない本

性格の適性検査を受けて、さあ、操縦士免許を取りましょうということになったら、本を読みたくなりますよね。とにかく未知の世界に対する興味から、何でも読みたくなる。私も、航空専門店に行って、片っ端から読めそうな本を買ったことがあります。どの本も普通の書物よりは割高で、かなりの金額を支払ったことを覚えています。で、それらの本、全部読み切ったものはほとんどありません。みなさんいろんな本を紹介してくれますし、ネットでもいろいろ出てますから、つい買いたくなりますが、本を買うのは、この章を読んでからにしてください。

まず買って読んではいけないもの、それは航空法規と航空工学の本です。これらは専門分野が確立されたジャンルの専門書なので、自家用操縦士の試験にはほとんど役に立ちません。事業用とか、もっと高度な免許を取るにはいるのかもしれませんが、自家用なら絶対にいりません。というか、読む方がマイナスになります。先に書いたような頭でっかちになってしまうからです。法律や工学は大学に専門学部があるくらい研究が進んでいて、いろんな人が本を出しています。航空工学の分野にも偉い先生の本が多いですが、読まないでください。そういう専門書は体系的にきちんと書かれているので、寄り道が多すぎます。寄り道だらけといってもいいでしょう。

では、航空法規や航空工学について知識を掘り下げるにはどうしたらいいか？　ネットで調べてください。分からないこと、疑問に思うことがあったら、検索してみることです。ウィキペディアでも、何とか知恵袋でもいいので、そういうサイトでヒットしたところを読むことで、時間も経費も節約して先に進めます。ネットですから情報が間違っていることもありますが、私の経験では、明らかな間違いばかりならすぐに分かるし、「怪しいな」と思ったら他のところも読んでみる、という方法で対処できました。ＪＡＬのホームページには「航空専門用語辞典」といったコーナーもありますから、そういうのを見るのも手です。一番いけないのは、例えば先の「ベルヌーイの定理」などを掘り進めて、専門書を読んだり、やたら専門的な論文を理解しようとすることです。

では、逆に読むべき本にはどんなものがあるでしょうか？　空中航法と気象の本は、理解できるレベルのものがあれば読んでください。空中航法の本は種類が少ないので、基礎編を読むといいでしょう。気象は一般書やアウトドア系など種類が多いので、分かりやすいカラー版などを読むといいです。航法と気象の本は、ライセンスを取った後も、いろいろ気になって何度も見直すことになります。学校で習った数学は、理系の仕事をしている人以外はあまり使いませんが、英語は仕事でもちょくちょく使うのと同じで、この操縦士試験で勉強して一番よかったと思うのは、航法と気象です。だから、分かりやすい本を一冊は通しで読んでください。その知識と過去問を解く時の思考がオーバーラップしてくると面白くなってきますし、身につくスピードも上がるでしょう。

あと、読んでも読まなくてもいいのが航空通信の本です。飛行機の運用では、管制官や情報官、フライトサービスなどと操縦しながら無線で話をしますが、そのルールを勉強する本です。そして、この通信を行うためには、実は自家用操縦士とはまったく別の無線免許がいるのです。その免許を取らないとソロにも出られません。横に教官が乗っていれば、免許を持つ監督者がいるということで、自分がマイクを持って「八尾タワー、JA0000……」なんてやらせてもらえますが、一人で飛ぶ時には無線免許がないと交信できません。その資格が「航空特殊無線技士」。この免許を取

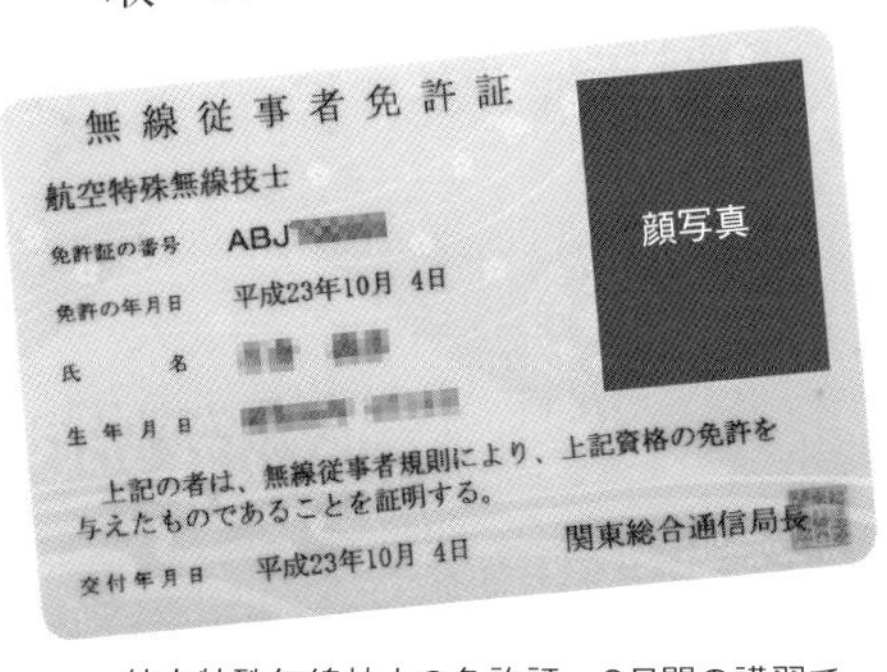

航空特殊無線技士の免許証。3日間の講習で取得する人が多い

る時にいろいろ勉強しますから、同じような内容の本を読む必要はないのです。

あれ、その無線免許の取り方は教えてくれないの？という声が聞こえそうですね。実はこの免許、ほとんどの人が日本無線協会が開催する3日間の講習を受けて取得します。この方法だと国家試験は免除されますが、講習の最後に試験がありますのでしっかり勉強してください。講習で習うことは、最低限の知識として身につけましょう。開催場所や日程を含む講習の情報は、協会のホームページに掲載されています。3日間も時間が取れないという方は、自分で勉強して国家試験を受ける方法もあります。

参考までに書いておきますが、緊張感ある3日間の講習は面白かったです。受講者の中にはフライトサービスの新入社員や消防関係の人もいて、「ふーん、こういう世界もあるんだな」と感じました。もちろん自家用操縦士を狙っている人もいて、知り合うこともありました。数少ない受験者仲間を得るチャンスでもありますので、どんどん意見交換するといいのではないでしょうか。でも、会場で、自家用操縦士を取ろうと思っている人をどうやって探すのか？それは、なんとなく分かるんですよね。職業として取ろうとしている人は、やはり真剣さが半端じゃないとか、会社から何人かでまとまって来てたりしますが、自家用狙いの人は一人で来て、休憩の合間に携帯電話で仕事の話をしてたりして……何となく「そうかな？」という具合です。

その他に、航空管制に関する本があります。管制官が学ぶような本を読んでも仕方ないので、私は『パイロットと航空管制官のための航空管制用語解説』（航空交通管制協会 刊）といった基礎的な本をさっと読んだ程度でしたが、それで十分だと思います。管制官とのやり取りについては、実際の訓練で飛びながら教えてもらうと、自然と身につきます。

読むべき本が分かったところで、また過去問題集に戻りましょう。過去問の解答は、内容で覚えてくださいね。4択なので、ついつい「何番目の答えが正しいな」なんて記憶に頼ったりしますが、それは本番で役に立ちません。過去問の繰り返しが多いとはいうものの、それは問題の内容であって、4択の順番まで全く同じ問題はほとんど出ません。そこで、問題の内容で覚えるための効率のいい方法として、レジメを作って知識を整理するという方法があります。以下、説明していきましょう。

❹ レジメの作り方

先の『学科試験スタディガイド』は、科目ごとに過去問題が整理してあります。つまり、時系列ではなく、過去に出た問題の内容というか、テーマごとに並んでいるわけです。その構成を生かして、テーマごとに理解していきましょう。例えば、先ほどのベルヌーイの定理からスタートした航空工学では、そういう原理から始まって、徐々に具体的な飛行機の工学にテーマが移っていきます。順序をよく考えて問題が並んでいますから、その流れに乗ってしまうことが大事です。「何でこの問題がここに書いてあるのかな?」なんて考えながら進めるということです。

そうすると、自分の中で学習の体系ができてきますから、もし学習のためのレジメを作るなら、それをレジメに落とし込んでいけばいいことになります。ただ、そんなに複雑な知識が要求されるわけではありませんから、必ずしもレジメやサブノートを作る必要はありません。私は過去問題集を旅行の時も持ち歩いて、時間があれば見返して記憶を整理しましたので、レジメのようなものは作りませんでした。受験生の間では、誰かが作ったレジメが重宝がられていて、コピーがよく出回っていました。でも、単なる知識ではなく、理解を深めるという意味では、レジメを丸暗記というのが一番よくないパターンですので注意してください。

そこで私がとった方法は、カード式の暗記法です。過去問題をやっていく過程で、「これが出るなら、こっちの知識も絶対覚えなきゃやばいよな」と感じたら、とにかくメモのようなカードをどんどん作っていきます。そう、あの英単語のカードと同じです。例えば、航法の航空地図の読み方で、VORのマークが過去問に出てきてたら、当然それ以外の航法援助装置、TACANやDMEのマークも問われるわけですから、航空地図のマーク解説の箇所(地図の右上などに「このマークはこういう意味ですよ」と説明してある場所)を拡大コピーして、片っ端から単語カードに張り付け、裏側に説明を書いて作りました。そうすると、マークすべてをカバーするわけですから、このセクションは完成ということになります。もちろん、こういう内容のレジメを作ってもいいのですが、地図から写し換えるだけなら、わざわざやらなくてもいいような気がして、私はカード式でやりました。カードなら、順序をまぜこぜにして、ランダムに知識の確認や暗記学習ができますからね。

そうやって、暗記すべき知識は克服するとして、航法の風の計算などの計算問題は、どうやって理解するのでしょうか？　それは、やはり合格者に教えてもらうのが一番です。教官に聞けば教えてくれますが、操縦訓練をやっている中で、「えーっと教官、このウィンドウコレクションアングルはどうやって出すんですか？」なんて聞くのは、なんだか気の抜けた会話になってしまうし、時間がもったいないと思います。何せ、1時間何万円かを支払って訓練を受けているのですから。やはり、同じ受験仲間に教えてもらうのが一番よく分かるし、身につくと思います。お互い忙しい中で時間をやりくりして頑張っているので、どちらかというと、合格した人に教えを乞うたほうが親切に教えてもらえると思います。あらかじめ疑問点を自分で洗い出しておけば、お互いの時間の節約にもなります。できるだけ自分で考え、トライしてみて、ネットも最大限利用しつつ、どうしてもはっきりしない点について、そういう合格者に聞くというスタンスがベストだと思います。

学科試験の当日は、最後に自分の暗記カードを復習し、後は集中力あるのみでしょう。過去問がそれなりにできていれば、ほとんどの人が一発で合格できるはずです。合格通知が来たら、その通知の日から2年以内に実技試験に合格しなくてはなりません。逆に言えば、2年以内にパイロットになれる切符を手にしたようなものです。

第5章 操縦訓練を始めよう

❶ 最も大事なこと、それは教官選び

飛行機の操縦訓練は、徒弟制の熟練工を育てる過程に似ています。最初にも書きましたが、まず自分の性格を知り、パイロットに不向きなところを修正していく不断の努力は、この操縦訓練の要になるところです。逆に言えば、技術や手順を理解し覚えるのは当然のこととして、そういう自己の性格分析や欠点の克服が訓練には欠かせません。私もいまだに、初期の段階で指摘された「不必要なエルロンを入れる」という変な癖が出てしまうことに苦しんでします。もちろん、そ

れが即時に危険な状態に結びつくことはありませんが、同乗している人に不快感を与えてしまうので、何とか直さなくてはと思っています。

言い訳をさせていただければ、この癖は、たぶんヨットのせいだと思います。ヨットやボートでは、風や水流の影響を受けて船体が向きを変える早い段階で舵を切っておかないと、まっすぐ進むことができないんです。なので、ついつい少しの風の圧力でもそれに「当て舵」をする形で、操縦桿を動かしてしまうことがあります。注意すれば何でもないことですが、いろいろ他に気を取られることがあれば、またむくむくと頭を持ち上げてくる癖といえます。

で、何が言いたいかというと、操縦訓練とは、こういうことをチェック、修正していくことの連続だということです。車の運転もそうですよね。シフトをドライブに入れてアクセルを踏めば車は前に進みますから、操作自体は難しいことではありません。そういう動きを思い通りにコントロールして、車社会の中で安全に動かしていくことが難しいんですよね。信号も標識もなく、道路の指定もなければ、小学生でも車は運転できるはずです。飛行機も同じです。まさか、小学生が軽飛行機を着陸させることができるとは思いませんが、前にも書いたように、技術そのものはみなさんが考えるほど難しくはありません。そういう技術をもとに、安全に無理なく安定して機体をコントロールするには、取るべき行動の考え方、ルールに対する理解といった、性格的なところを攻めていかなくてはいけないのです。

そうすると、どうなると思いますか？ そう、訓練中の飛行教官は、訓練生の癖、性格、そして理解力など全般に目配りをしているということです。単に「技術を覚えましたね。ではソロでどうぞ」というわけにはいきません。私の訓練中、着陸態勢に入ってからランディングまでに、私が速度計を何回見て確認したかまで、教官に指摘されたことがあります。教官は、とてもよくあなたの動きを見ています。少しでも危険な可能性があれば、必ず着陸してから指摘されたりもします。そういう経験を積んだうえで、思うのは、教官との信頼関係が大事だよなーということでした。

つまり、練習している訓練生のあなたが教官を全人格的に信頼しきれなければ、相手だって、あなたのことをなかなか信頼しきれないのではないかと思います。そして、操縦に関しては、ほんとに隠し事はできないと覚悟することです。例えば「あー着陸ね、簡単ジャン」なんてなめていたら、教官はそれに気づいても、たぶんすぐには指摘しないでしょうね。そして、ハッとしたり、ドキッとする着陸の状況になって、指摘されるのです。「この人は、いくら口で言っても注意しない」と判断しているのかもしれません。だから、操縦について何も指摘を受けなかったからといって安心はできないんですよね。危険の一歩手前になって初めて、「さあ、ここはいつも安心し過ぎてますよねー」なんて言われるわけです。

そうやって訓練生の成長を見ている教官との関係を考えると、両者の相性というか、波長が合っていることが、早く合格できるかどうかの分かれ目になります。

で、教官を選ぶということは、つまり、どこで訓練するかを選ぶことになります。たいていの場合、一つの訓練校で、最初から最後まで一人の教官で合格まで行くということはありません。むしろ、節目、節目で、担当教官とは違う人からチェックを受けて次の段階へ行くというのが、ほとんどの訓練校で取られているシステムです。例えば、ソロフライトに出られるかどうかは、担当教官ともう一人の別の教官からオーケーをもらわないと出られません。ほとんどの場合は、担当教官がいいと言えば、もう一人の教官からもオーケーが出るようですが、中には、担当教官が「うーん微妙」と判断している時に、訓練生の方から「チェックフライトをお願いします」ということで、別の教官と飛ぶこともあるようです。私の周りにも、そういう人はいましたが、結果はノーでした。やはり、微妙な線は微妙な仕上がりでしかないのかなーと、見ていて思ったのを覚えています。そういうわけで、訓練校によっては、複数の担当教官がつくところもあるようです。

そこで、私の経験から言いますと、あまり多くの教官が担当教官になる学校は、やめた方がいいです。なぜなら、教官によって時々言うことが違うこともあるので、初心者の場合、混乱してしまうからです。例えば、有視界飛行で、どの程度計器を見て飛ぶかという話になった時、「8割は外を見て飛びなさい」と言う教官と、「いやいや、自分は6割以上計器を見て飛ぶのがいいと思うよ」と言う教官がいて、その言葉通りにとらえれば、えらく言っていることが違うケースがあるんです。「えっ! どっちが正しいの?」と悩むわけです。訓練が進んで経験を重ねれば、「まあ有視界飛行というからには、半分以上は外を見て飛ばなきゃね。だけど、少し上達したら、高度の1フィート、速度の1ノットの誤差を許さないという気持ちで飛ばなきゃならないので、かなり計器を見る回数は増えるよね。でも、それは一瞬の確認回数を増やすということで、決して計器ばかり見て飛べということではないんだよなー」なんて理解できるのですが、最初から2人以上の教官について、その2人から違うことを言われたら、戸惑うというか「何なんだこの学校は!」ということになりますよね。

教官の方も、基本的な教え方は常に打ち合わせているそうですが、人間ですから、コミュニケーションのあり方として、「あ、この訓練生は計器ばっかり見つめちゃう

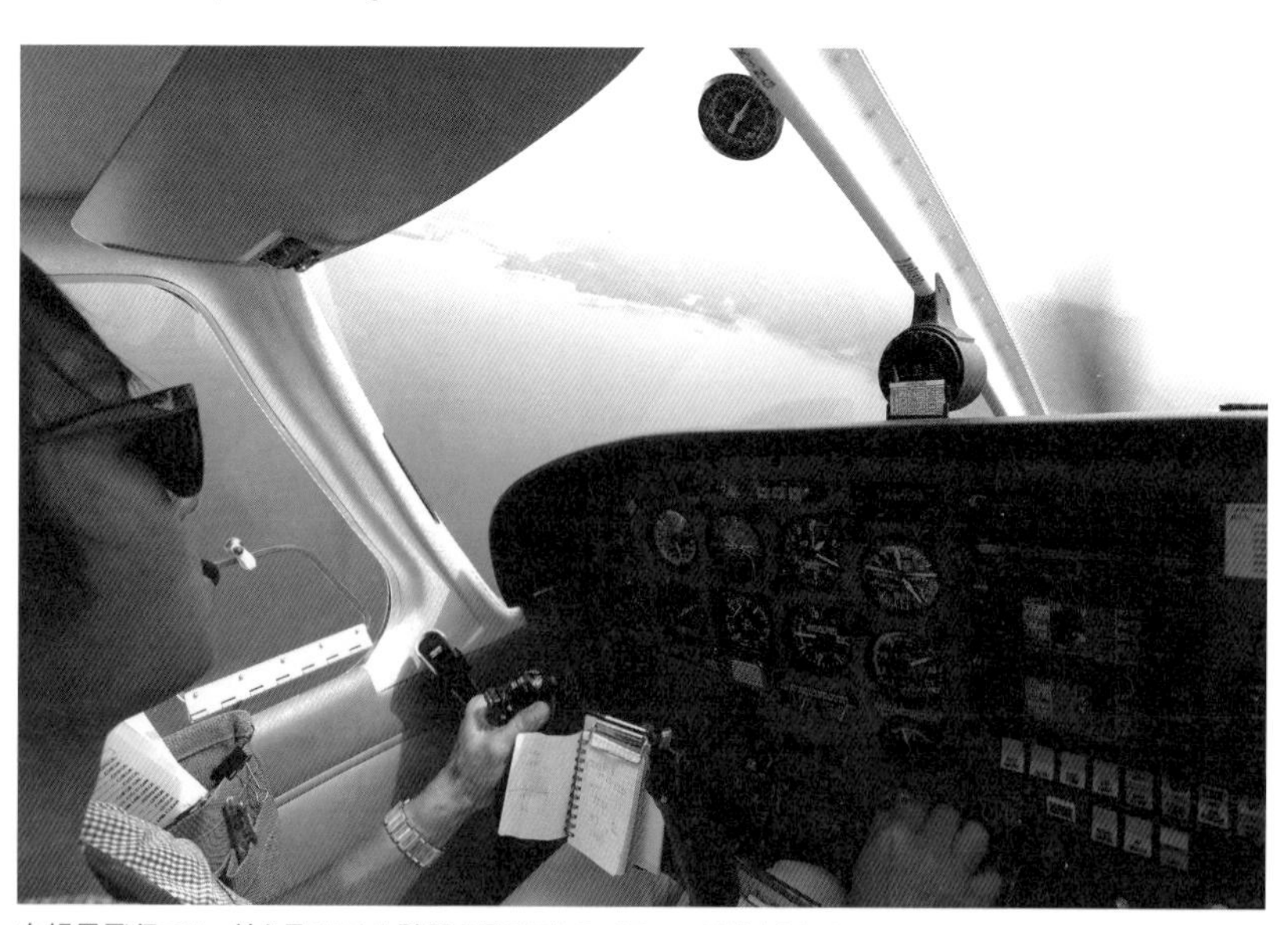

有視界飛行では、外を見ることと計器を見ることのバランスが求められる

癖があるな」と感じれば、そこは「8割がたは外を見て飛んでくださいねー」ということになるわけです。それで次の訓練で、その通りがんばって外ばかり見て、着陸のトラフィックに入って、気がついたら速度はオーバーしてるわ、高度は高いわ、ということが起こると、別の教官から「まあ、計器を6割以上見て飛んでもいいと思うよ」というコメントが来たりするわけです。

そういう修正というか、「段階を踏んで訓練するにあたって、最初は気にしなくてもいいけれど、腕が上がったらちゃんとしないといけないこと」が多いため、つまり、訓練の度合いや課程で注意すべきことがガラリと変わってきたりもするので、やはり、担当教官は少ない方が理想的です。私と同じ時期に訓練していた若い研究者の方は、担当教官を指名していました。ただ、担当教官を絞ってしまうと、今度はその教官の空き時間の関係でなかなか予約が取れない、という問題が生じます。なので現実的には、2人か3人までの教官に教えてもらうのが最適でしょう。

❷ 教官には3タイプがある？

さて、教官選び＝学校選びでしたね。教官にはそれぞれ個性はあるものの、彼らも組織の一人です。その指導内容には、学校や訓練施設が持つ訓練の方針、訓練に対する考え方が出てくるものです。そうした学校の方針や雰囲気が、自分の性格やニーズに合っているかどうかが重要になってきます。そして、方針や雰囲気を知るのに一番いい方法は、そこの卒業生に話を聞くことでしょう。それが難しければ、免許を取った人誰でもいいですから、「あの学校はどう？」と聞いてみるのも手ですね。だいたい操縦士免許を取った人は横のつながりも持っていて情報交換していますから、間接的にもいろんな話が聞けるのではないかと思います。

それに何より、決めてしまう前に、とにかく訓練場所に行ってみることですね。予約して行くと、教官の一人を紹介してくれたり、教育方針などを説明してくれるので、情報を仕入れることができるでしょう。が、注意してください。学校や訓練施設を予約して訪問すると、学校の方も身構えてきますから、どちらかというと入学面接みたいになってしまうことがあるようです。社会人になってから操縦士免許を取ろうとする人は大事なお客さんですから、その人の動機、飛行経験、経歴など、大変興味を持って聞いてきます。その情報から担当教官の選任などを検討するので、それはそれは真剣に聞いてきます。で、何が起こるかというと、そういう質問に丁寧に答えているうちに、訓練生は自分のことばかり話して、肝心の知りたい学校の教育方針や訓練に対する考え方といったものを、聞きそびれてしまうのです。

「学校」と聞いただけで、受験戦争を経験した世代は敷居の高いところと思いがちですが、今の時代、生徒の数は少ないものだということを忘れないでくださいね。なので、一通り自分の話が終わったら、学校のことについていろいろ聞くことが大事でしょう。でも、これ、なかなか難しいんですよね。だって、飛行機の操縦訓練の内容なんて全く知らないで行くわけですから、聞くポイントさえ分からないというのが実際でしょう。なので、そういう時はまず、「教官はどういう経歴の方が多いんですか?」と聞くことから始めてください。

教官の経歴には、大きく分けて3種類あるようです。一番多いのが自衛隊出身者。二番目が民間のエアラインパイロット出身者。これら2種類の経歴の人は、定年退職してから教官になったというケースが多いようです。そして三番目に、もし若い教官がいたら、それは多くの場合、教官を目指して職業とした、いわゆるプロパーの人でしょう。これらの経歴の差は、そのまま教え方の違いにつながっていきます。今からの話は、よく免許を取った者同士での飲み会の話題になっている程度の参考として聞いてくださいね。

まず、自衛隊出身の教官は、大味。だいたいジェット戦闘機乗りの退役した人が、自衛隊でも教えていて、その後、定年後の再就職で学校に来た人たちです。なので、すぐに派手な操縦を教えたがります。バンク60度の急旋回なんて、「ほーらね」って感じで楽しそうにやってしまいます。バンク60度で回られると、初めて乗った人は、機体が90度横に傾いて、自分の右もしくは左に地面を見て飛ぶような錯覚に襲われます。それで悲鳴を上げたら教官の思うつぼ。相手を楽しませるだけですから、頑張って冷静を保ってくださいね。そこを乗り越えると、やっと真剣に教えてくれたりします(という冗談ですが、そういう感じがするのです)。

あと、ジェット戦闘機に慣れている自衛隊出身の教官は「軽飛行機なんて飛行機じゃない」と思っているふしがあり、誰でも操縦できると思っています。なので、教え方もざっくりしていて擬音ばかりになりがちです。「あのねー、ヘッドウィンドウがあったら、ランディングでキュッと引くと、スッと落ちちゃうから、そこはグンと行って、それからスーッと抜くのね、スロットルは」なんて調子です。ひどい時は「そこはさー、キュッと行って、カンと来て、ピュッと行きゃいいんだよー」なんて……。それでも理解できたりするから、面白いんですが（ちなみにこれは、クロスウィンドウのランディング説明です）。

これに対して、民間のエアラインキャプテンだった教官は、何というか、ロマンスグレーの紳士みたいな感じの人が多いです。ジャンボ機のキャプテンで国際線を飛んでたような人が、やはり退職後の再就職で教官を務めているのですが、元のキャリアの雰囲気は抜けないですね。どんなに暑い真夏でもきちんとネクタイを締めているとか。どうですか？　想像できるでしょう。そして、教え方は常に謙虚、というか訓練生もお客様という感じです。丁寧な言葉で言い回しもやさしく、「えっと、ここはまあ、前からの風ですから、スロットルそのままでも悪くはないんですが、その、やはり、前からですと、引き方はゆっくりと。なので、十分手前から、ゆっくりと引いた方が、沈みが少なくてスムーズな感じで降りられますからね」という具合です。ちなみに、これは前述の自衛隊出身の教官の「あのねー、ヘッドウィンドウがあったら、ランディングでキュッと引くと、スッと落ちちゃうから、そこはグンと行って、それからスーッと抜くのね、スロットルは」と同じことを言ってます。

私も何度か民間出身の教官に教えてもらいましたが、やはり元旅客機のパイロットですね、「高度処理は、とにかく無理なくゆっくりと」と教えられました。1分間に300フィート以上の降下率にすると、同乗者の中には耳が痛くなったり気分が悪くなる人が出るので、そこは十分余裕を持ってゆっくりと、ということです。その話を自衛隊出身の教官にふると、「自分なんか、1分に1000フィート急降下しても平気だもんねー」という調子でした。どうです、教官でも飛び方にはもろに性格が出るんですよね。

最後に、教官になるべくずっと訓練して教官になったプロパーの人。そういう教官はこれからは増えると思いますが、今はまだそれほど多くはなく、一つの学校に一人いるかどうかだと思います。なので、免許を取っ

教官の出自によって個性があり、教え方にも特徴が表れるもの

た仲間の間でも話題になることは少ないんですが、何度かお話したことのある方は、自衛隊出身者と民間パイロット出身者のはざまで、アンチテーゼを追いかけているように思いました。先の例に当てはめてセリフを想像してみると、「バンク60度の急旋回？ 試験では60度以上入れたら落ちるからねー、やってみてもいいけど、そんなの慣れちゃいけないよー。普段は30度が限界です。高度処理は、試験では毎分500は超えないようにね。だから普段は300が限界。それを守っても、一時的に超えることがあるから注意してねー」なんて言いそうな感じです。要は、試験に合格する飛び方に徹しているわけですね。

繰り返しますが、以上はあくまで訓練生の飲み会の話題レベルのお話です。経歴で教官の教え方が決まるわけではありませんので、やはり学校や訓練施設の人、あるいは教官とよく話をしてみることが大事でしょう。どちらかというと、訓練生であるあなたが、学校や教官を選ぶのだということを忘れずに、最初の見学に臨むことが大切です。

そして、どこで学ぶかを決めたら、次に大事なのは、あなたの希望を伝えることです。次にそれについてお話ししましょう。

❸ 意志を伝える

本書で最初に解説したフライトクラブには、自家用操縦士免許を取らずに、航空機操縦練習許可の下、そのまま5年も10年も飛んでいる人がいます。年も年だし、いまさら本気で操縦したいとは思わないけれど、教官の隣で自分で操縦桿を握って、飛行機を動かしてみるのが趣味という人たちです。法律上は、操縦練習許可を得た訓練生です。私がお会いした最も高齢の訓練生は87歳でした。毎回楽しそうに教官とフライトし、終わったら「いやー、今回のランディングは……」と反省会をしているのを見ました。楽しそうで、自分もあんな老後もありかなって思ったこともあります。この操縦練習許可がなければ、飛んでいる飛行機で「ちょっと操縦桿持たせてよー」というわけにはいきません。逆に、許可があって、教官から「単独飛行の技量がある」との証明のハンコをもらえれば、陸上にいる教官の監督下ではありますが、ソロで飛んでも構いません。

そういう操縦練習許可ですが、いま書いたように、これを何度も更新し続けてフライトを楽しむ人が多いので、学校側は「この人、本気でライセンスを取りたいのかな? それとも操縦練習許可のまま、安全に教官と一緒にフライトを楽しみたいのかな?」と、訓練生の本気度を測りかねる時があるようです。後者は遊覧飛行の高級バージョンみたいなものですが、そうはいっても訓練であり、同じ料金を受け取っている以上、教官はそれなりに教えなければなりません。だからこそ、そういうレジャー系で操縦したい人とは違うことをアピールして、しっかり教えてもらいましょう。訓練を始める最初から、はっきりと「免許が取りたい」と宣言し、できればスケジュールについても希望を伝えるべきです。

ここで、学科試験が登場します。学科に合格すれば、その人の免許に向けた本気度が分かりますから、教官も「よし、その意欲に応えようか」ということになります。なので「免許を取りたいので、訓練お願いします」と宣言するだけでなく、有言実行、実際に学科試験に合格してしまいましょう。飛行訓練と並行して学科の勉強をすると、学科で分からないことがある時に、訓練後の時間を利用して教官に教えてもらえる、というメリットもあります。そうやって、本当に免許を取りたいんだという意欲を伝えることが大事なのです。

学校や教官によっては、実地の訓練がある程度進んだら、「そろそろ学科試験を受けてください」と言われるところもあります。私の近くで訓練していた人でも、教官に学科を受けるように言われたのに、飛行が楽しいものだから、毎週、飛びに来ていたら、「学科に合格するまで、もう飛びません」と言われた人がいました。本人は不満そうでしたが、結果的には、それが早く免許にたどり着けた理由だったようです。訓練の習熟度合いに応じて、必要な知識は増えてきますから、知識不足のまま何となく飛ぶことばかりしていては「無駄飛び」になってしまうということです。かといって、最初の方に書きましたが、知識だけ詰め込んでも意味がありません。ここでもやはり、バランスが大事ということだと思います。頭でっかちも、逆に感覚だけでも、免許にたどり着くことはできません。ですから、その成長過程をどう作っていくかということになり、その基礎は、やはり本人の希望、やる気、そして意欲でしょう。まずは、その意欲をはっきりと伝えることから始めてください。

❹ シラバスを組む

免許を取りたいという気持ち。それが最初に必要ということを申し上げました。でも、どうでしょう。意欲ばかりで現実を見ていなければ、絵に描いた餅で終わってしまいますよね。そこで登場するのが「シラバス」という考え方です。ネットで検索してみると、「講義授業の大まかな計画のこと」と出ています。一般の学校でいえば、学習プラン、授業計画といったものです。飛行機の操縦訓練では、一つのモデルプランをシラバスといい、理想的な訓練の進め方を指します。つまり、必要な訓練や習熟すべき飛行技術のポイントを書き出した訓練計画ですね。ものすごく大雑把に分けて、実地訓練では、次の6段階に分かれているようです。

①エアワーク
②トラフィック
③トラフィックソロ
④ナビゲーション
⑤ナビゲーションソロ
⑥エマージェンシー

これは私の訓練の順序ですが、人によって順番は少し変わるようです。でも他の訓練生との会話でも「どう？ もうトラフィックソロ出た？」なんて話して通じていましたから、だいたいこんな順序ではないかと思います。試験前になると、それぞれ苦手なところを重点的に練習するので、シラバスとは離れることもありますが、最初は誰もがこのシラバスで訓練を開始するようです。

ここでいう「トラフィック」とは、空港の周りをぐるぐると飛び回りながら、滑走路へのＴＧＬ（タッチ・アンド・ゴー・ランディング）を繰り返すことです。決まった場周経路（トラフィックパターンともいいます）を回るので、陸上競技のようにトラフィックと呼んでいるのだと思います。

まず、この科目を克服しないことには、次に進めません。飛行機は必ずランディングしなくてはなりませんので、その理由は想像がつくと思います。しかし、初期の科目のわりには、これが難しいんです。というか、トラフィックがきれいにできたら、他の科目は付け足しみたいに思えるほど、最

学年	番号	課目番号	A/W	TGL	NAV	BIF	PIC	SOLO	S/TTL	TTL	RMKS
	1	AT-1	1:00						1:00	1:00	慣熟
	2	AT-2	1:00						1:00	2:00	
	3	AT-3	1:00						1:00	3:00	
	4	AT-4	1:20						1:20	4:20	AW
	5	AT-5	1:20						1:20	5:40	
	6	AT-6	1:20						1:20	7:00	
	7	IF-1				1:00			1:00	8:00	IF
	8	IF-2				1:00			1:00	9:00	
	9	TRFC-1		0:30	0:30				1:00	10:00	
	10	TRFC-2		0:30	0:30				1:00	11:00	
	11	TRFC-3		0:30	0:30				1:00	12:00	
	12	TRFC-4		0:30	0:30				1:00	13:00	
	13	TRFC-5		0:30	0:30				1:00	14:00	離着陸
	14	TRFC-6		0:30	0:30				1:00	15:00	
	15	TRFC-7		0:30	0:30				1:00	16:00	
	16	TRFC-8		0:30	0:30				1:00	17:00	
	17	TRFC-9		0:30	0:30				1:00	18:00	
	18	TRFC-10		0:30	0:30				1:00	19:00	
	19	TRFC-11-1		0:30	0:15				0:45	19:45	
	20	TRFC-11-2		0:30				0:30	0:30	20:15	
	21	TRFC-11-3			0:15				0:15	20:30	
	22	TRFC-12-1		0:30	0:15				0:45	21:15	
	23	TRFC-12-2		0:30				0:30	0:30	21:45	TRFC SOLO
	24	TRFC-12-3			0:15				0:15	22:00	
	25	TRFC-13-1		0:30	0:15				0:45	22:45	
	26	TRFC-13-2		0:30				0:30	0:30	23:15	
	27	TRFC-13-3			0:15				0:15	23:30	
	28	AT-7	0:40	0:30	0:30				1:40	25:10	
	29	AT-8	0:40	0:30	0:30				1:40	26:50	
	30	AT-9	0:40	0:30	0:30	0:20			2:00	28:50	
	31	AT-10	0:40	0:30	0:30	0:20			2:00	30:50	AW
	32	AT-11	0:40	0:30	0:30	0:20			2:00	32:50	IF
	33	AT-12	0:40	0:30	0:30	0:20			2:00	34:50	TGL
	34	AT-13	0:40	0:30	0:30	0:20			2:00	36:50	
	35	AT-14	0:40	0:30	0:30	0:20			2:00	38:50	
別科	36	AT-15	0:40	0:30	0:30	0:20			2:00	40:50	
	37	AT-16	0:40	0:30	0:30	0:20			2:00	42:50	
	38	AT-17-1	0:40	0:15	0:15				1:10	44:00	
	39	AT-17-2	0:50	0:10				1:00	1:00	45:00	
	40	AT-17-3			0:15				0:15	45:15	
	41	AT-18-1	0:40	0:15	0:15				1:10	46:25	
	42	AT-18-2	0:50	0:10				1:00	1:00	47:25	AW SOLO
	43	AT-18-3			0:15				0:15	47:40	
	44	AT-19-1	0:40	0:15	0:15				1:10	48:50	
	45	AT-19-2	0:50	0:10				1:00	1:00	49:50	
	46	AT-19-3			0:15				0:15	50:05	
	47	NAV-1		0:15	1:15				1:30	51:35	
	48	NAV-2-1		0:15	1:15				1:30	53:05	航法
	49	NAV-2-2			1:10			1:10	1:10	54:15	
	50	NAV-2-3			0:15				0:15	54:30	
	51	NAV-4			2:15				2:15	56:45	
	52	NAV-5			2:15				2:15	59:00	
	53	NAV-6-1		0:15	2:15				2:30	61:30	
	54	NAV-6-2			0:15				0:15	61:45	航法
	55	NAV-6-3			2:30			2:30	2:30	64:15	(生地着陸)
	56	NAV-6-4			0:15				0:15	64:30	(270km以上)
	57	NAV-7-1		0:15	2:15				2:30	67:00	
	58	NAV-7-2			0:15				0:15	67:15	
	59	NAV-7-3			2:30			2:30	2:30	69:45	
	60	NAV-7-4			0:15				0:15	70:00	
	61	NGT-1		0:30	0:30				1:00	71:00	夜間飛行
	62	NGT-2		0:30	0:30				1:00	72:00	
	63	EXT-1	1:00						1:00	73:00	
	64	EXT-2	1:00						1:00	74:00	
	65	EXT-3	1:00						1:00	75:00	補備教育
	66	EXT-4	1:00						1:00	76:00	
	67	EXT-5	1:00						1:00	77:00	
	68	AT-20	1:15	0:15					1:30	78:30	事前審査(AW)
	69	NAV-8			2:30				2:30	81:00	事前審査(NAV)
	70	AT-C'K	1:15	0:15					1:30	82:30	実地試験(AW)
	71	NAV-C'K			2:30				2:30	85:00	実地試験(NAV)
		合計	25:40	16:45	37:55	4:40	0:00	10:40	85:00		

訓練の計画をまとめたシラバス。学校でいえば授業計画のようなもの

高に難しく、そして面白い科目です。飛行機の訓練は、トラフィックに始まり、トラフィックに終わるといってもいいほどでしょう。

空港の周りの場周経路をうまく、予定通りに飛行するためには、スローフライト、ディセンドターン、速度と高度の同時調整、そして着陸直前のフレアー処理など、いろんな要素が必要です。それらを一つ一つこなしながら、場周経路のフライトを完成させていくわけです。どうです、シラバスは一応あるものの、個人によってその時間配分は違ってくるというのも、これら複数の操作手順を踏まなくてはならないことからも、理解していただけるのではないでしょうか？ フレアーはいつもうまいのに、その直前の高度と速度処理がへたくそで、滑走路ぎりぎりになっていろいろ急な操縦をしている人もいれば、滑走路直前までファイナルターンなんかは完璧なのに、最後の引き起こし(つまりフレアー)がいつも早すぎる人とか。とにかくその癖というか、パターンは十人十色です。ですから、当然訓練をしつつ、同時にシラバスの時間配分の組み替えをやっていくことになります。

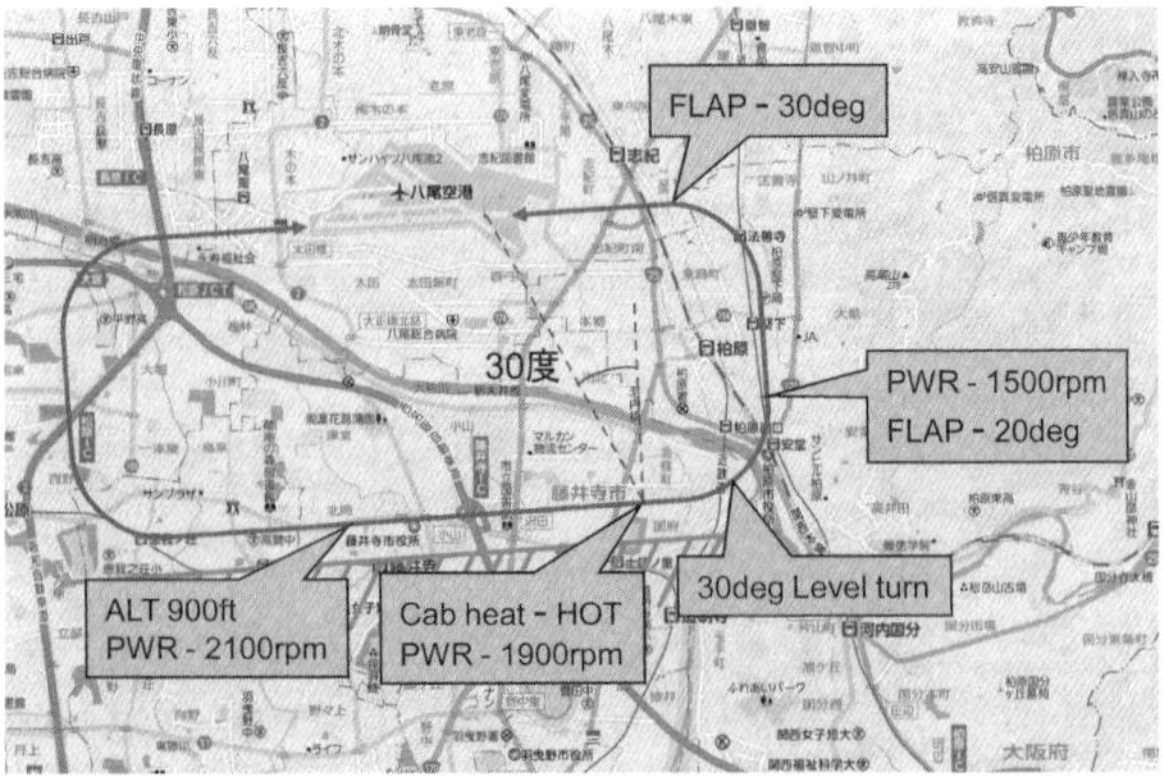

八尾空港のトラフィックパターン。訓練では、これに沿ってTGLを繰り返す

実は「何時間でこの科目を終わらせる」というシラバス自体は、絵に描いた餅です。それをたたき台として、大まかに「さあ、あと6カ月で免許を取りましょう」とか、そういうふうに進めていくのです。では、いったい自分はいつ頃合格ラインまで行けるか？　ということですが、それは何回か訓練で飛んでみて、トラフィックが完成しつつあるか、もしくは少し形になってきたところで、はっきりしてきます。絵に描かれた餅を実際の餅に置き換えると、どのくらいの大きさになるか。それが分かってくるのが、そうですね、教官のサポートがほとんど入らないで着陸まで持ってこられる頃に、何となく分かってくるものだと思います。

飛行教官が一番緊張して身構えるのは、この時期、初めて訓練生の着陸を黙って見て、操縦桿に教官が手を触れないでランディングさせる瞬間だそうです。ランディングは、どんなベテランキャプテンでも、少しは緊張するし、本気でかからなくてはできません。それだけ、何かが起きた時に判断し、修正するまでに与えられた時間が限られているということです。その何秒かの間に、もし訓練生が何かしでかしたら、教官がテイクオーバーするまでにやはり時間が必要です。その時間を考えると、最後の最後まで身構えて見守らなくてはならないのだと聞きました。飛行機の世界で「クリティカル・イレブン」という言葉があります。着陸までの7分間と離陸後の4分間に事故が起こる確率が極めて高いことを指します。その最後の7分、これはつまり、場周経路を飛んでいる、まさにトラフィックの範囲のことです。そこをどうクリアできるか、どう操縦するかで、その人の適性、技能アップの道筋はおおよそ出てくるものです。

ですから、最初は、その学校や訓練施設でいつも使っている一般的なシラバスを使って訓練計画を立てます。そして、全くの経験のない訓練生の場合、その標準シラバスで、80時間くらい飛ぶ必要があるようです。これを逆算すると、毎週土日に1時間ずつ訓練したとして、1カ月で8時間、1年で96時間ですから、計算上は約1年で免許まで到達できることになります。ただし、実際にはいろいろな事情で飛べなくなることがあります。訓練生や教官の予定が合わない場合。天候が許さなかった場合。それに訓練に使う機体の点検など、1カ月の週末のうち1回か2回は飛べないことが多いようですので、標準シラバス通り行ったとしても、やはり1年と半年くらいはかかると思った方がいいでしょう。

そして、逆に言えば、そのくらい時間をかけた方がいいです。というより、2年くらいかけて取る考えでいた方が、すんなり合格できると思います。あまり詰め込み過ぎたスケジュールですと、自分の頭の中で前回の訓練の反省というか、注意点を整理できないまま次の訓練に臨むことになり、同じ間違いやミスを繰り返してしまう悪循環に陥るからです。私はせっかちなので、自分で決めた予定通りに訓練が進まなければ、何とかしようと余計なことをしたり、逆に余裕があれば問題なかったものを、あわててミスってしまうことがありました。精神的に余裕をもってこなせるシラバスは、確実で最短の合格には絶対に必要なものだと思います。決めた予定より早く進められる場合の気持ちよさというか余裕は、その後の訓練にもプラスになってきます。

最初、その標準のシラバスでスタートしますが、気持ち的には「2年かけて合格ラインにまで行ければいいや」と思って訓練を始めてください。そうすれば、先にお話ししたトラフィックの習熟段階で、もう一度シラバスを組み替えることも余裕を持ってできるのではないでしょうか？ 私のもう一つのアドバイスは、トラフィックを完成しつつある頃に、一度、教官とゆっくり時間を取って、もう一度訓練日程を組み替えしてみることです。自分に合った方法と時間配分にすれば、そこでもまた心の余裕ができますから。

ここでは余裕、余裕という言葉を繰り返してしまいましたが、学科試験と違って、実地訓練は余裕に始まり余裕に終わるのが理想です。次にそれについてお話ししましょう。

❺ 技量を積む

実技の訓練では、先に書いた「7割頭」のまま、いろんな作業をほぼ切れ目なくこなさなくてはなりません。そして、特に最終着陸態勢に入ったなら、先に先に必要な手順をこなしていくことが求められます。よく言われるのは「シワは早いうちに伸ばせ」ということ。つまり、場周経路の最初の方で速度や高度がずれていたら、自分が決めた速度、高度に早いうちに修正しなければなりません。そうしないと、どんどん滑走路に近づき高度を失っていく中で、後から修正するのが難しくなる一方ですから。もし、最終ターンを終了したのに、まだ速度が調整できていなければ、滑走路に対面した段階で、侵入角の調整と同時に、滑走路とのアライン（直線上にあるかどうかということ）の修正も加わり、結果、速度、高度、アラインの3つの修正を同時にこなさなくてはなりません。早いうちに速度と高度だけは予定コースに乗せれば、次にやるのはアラインだけということで、余裕ができるわけです。そこに横風が加わると、最初のうちはまずパニックになって、何をどの順番でしたらいいか分からなくなります。なので、修正できることは、とにかく早いうちにと教わります。

そして、これは訓練の過程でもいえることです。まず、基本、まっすぐ飛んでみてください。そして高度、速度を思いのままに操縦してみてください。そういう基本をできるようになってから、次に降下、上昇、バンクなどを経験していきます。何が言いたいかというと、一つ一つ、積み重ねることの大切さです。ももやっとしたままシラバスの先に進んでも、何の意味もありません。訓練生はお客さんですから、教官に強く「次をやってみたい」と言えば、たぶんやってくれるでしょう。でも、教官は分かっているはずですよ。「まだ基本ができてないけど、本人のやる気をそぐわけにもいかないので、やらせてみよう。そこで基本を修正してくれればよし、修正が自力でできなければ、課題を与えて気づかせてやるしかないよなー」という具合です。だから、とにかく最初は、丁寧に丁寧に、基本に忠実に技量を積み重ねてください。かったるくても、シラバスに1時間としか書いてない科目でも、そう4時間かけたっていいでしょう。とにかく丁寧に。

そして、一番大事なことは「変な癖をつけない」ということです。変な癖とは、例えば速度計ばかり見てしまう癖とか、不必要にきょろきょろして、実は何も見ていない癖とか、性格に根ざしたものが多いですね。先に書いたように、かくいう私も、不必要なエルロンを入れるという癖はいまだに出てしまいます。心のどこかにまだ、それがいいはずと思う気持ちがあるようで、困ったものだと感じていますが、基本の操縦訓練でもっと徹底して直しておけばよかったと思います。そういう思いをしないためにも、そして何より、どこかで行き詰って合格レベルになかなか到達できないという苦労をしないためにも、ここは基本に忠実に、技能を積み重ねてください。とにかく焦りは禁物です。もし焦ったり、どうしてもいやな癖がつきそうだと思ったら、最初に書いたように、心理カウンセラーの診断を受けることをお勧めします。ここでのひと手間は、ゆくゆく何時間もの訓練時間の節約になりますので、ぜひ実行してください。

第6章 ソロまでの道のり

❶追いかけると逃げる

さて、具体的な体験談に話を戻しましょう。実技訓練の最初の壁はソロフライトです。まさに、一人だけの力で飛ぶことをソロフライトといいますが、これにも種類があって、最初のトラフィックソロと、その後のナビゲーションソロがあります。トラフィックは空港の周辺を飛んで離着陸するだけのものですが、ナビゲーションソロは、一人でどこか他の空港に行って帰ってくるというものです。訓練生の間では、「車は免許を取るまでずっと教官と乗るのに、飛行機は一人で飛べなんて、少し乱暴ではないか」とよく話していました。私の場合、本格的に練習を始めてから、11時間くらい飛んだところでソロフライトに出ました。このように、最初の頃はソロに出ることを目標に訓練します。それを意識することで、練習にもメリハリがついてきます。

最初はまっすぐ飛ぶことなどを経験してから、先にお話しした空港周辺の場周経路（トラフィック）を徹底して教えられます。最初に離陸したら、すぐ着陸機のコースに入ってそのまま着陸。地面に着いたら、速度を落とすことなくまた離陸――というのを繰り返すわけです。飛行機の操縦ではこれが一番難しいのではないかと思いますが、とにかくその繰り返しです。例えば私の場合、八尾空港での55分間のフライト練習の間に、5回のTGL（タッチ・アンド・ゴー・ランディング）をする、という感じでした。小型機のメッカといわれる八尾空港は、おそらく日本で最も操縦練習の多い空港だと思いますが、このTGLをできるのは同時に2機までと決められています。何校かある訓練校の間で調整をして、そのTGLの枠を例えば「午後1時から1時半まで」という具合に予約します。同時に、その時間の中で連続TGLは5回までと制限されているので、誰か一人が延々と練習することはできません。各フライトごとに教官と事前に課題を挙げて、例えば「今日はファイナルターンをきちんとできるようにしましょう」とか、別の日は「とにかく速度を規定通りにすることに集中してみよう」などと決めて飛びます。

もちろん、最初のTGL練習までに、自分の頭の中でシミュレーション練習を繰り返し、上空でいちいち操作手順を教わらなくても済むようにしておく必要があります。なぜなら、そんな地上でもできることに、というか一人で教科書を読めば理解できる課題のために、貴重な飛行訓練の時間を使いたくないからです。ですが、その脳内シミュレーション、始めるのがあまり早過ぎてもいけません。思い込みから変な癖がついてしまうからです。なので、まずTGLを最初に練習する時にはおおよその操作手順を頭に入れておいて、実際にやってみて、動作が具体的に分かってきたところで、今度は徹底した一人シミュレーションをする、というのが一番効率がいいと思います。

そうやって10時間以上、ひたすらTGLの繰り返しです。その間に、風の方向が違っていたり、無風だったりと気象条件は一定ではありませんから、自分のスタイルを確立するのはなかなか難しいものです。ですから、とにかくこの時期は基本に忠実にこなしていくことになります。ここでも、考え過ぎたり、肩に力が入り過ぎたりで、人それぞれに得意な領域と苦手意識を持つところが少しはできてしまうのではないかと思います。私の場合、接地操作は得意で、滑走路に対するアラインや速度調整を余裕を持って早めに修正していくのが苦手、というか、心のどこかで「いつでも修正できる」と思っているうちにファイナルに滑り込んでいる、という感じでした。

こういう時、やはりカウンセラーに長々と訓練状況の自分なりのまとめを話すことで、何となく気持ちの上ではケリがつけられたと思います。そのおかげで、毎回次の訓練の時には、「前に指摘した内容は必ず修正してきますねー。いいですねー」と教官に言われましたが、カウンセリングのことは黙っていました。カウンセラーは、飛行機のことは何一つ分かりませんから、どちらかというと聞き役に徹しています。それでも、各訓練ごとに誰かにいろいろと話すことで、客観的に自分の修正すべき点の核心がつかめてくるものです。私の場合、職場にカウンセリングの制度があって、日常的に相談していましたから、その延長線上にあったともいえますが、カウンセリングのおかげで「やっちゃいけないポイント」などはっきり整理のついた状態で、次の訓練に臨むことができたようです。そういう地道な訓練を積み重ねて、やっとソロにたどり着けるわけですが、ソロに出る当日も「カウンセリングの効果だな」と思ったことがありました。

ソロの飛行は、教官自身も緊張していますし、それにも増して、フライトの直前までいろいろな指摘や注意すべきことを言われますので、いやでも緊張感が高まります。例えば「管制官にも、これからあなたがソロで出ることを伝えてあります。基本は英語の通信ですが、何かあれば、遠慮なく迷わず日本語で話してくださいね」とか、「無線機の周波数の一つは、何かあった場合、私（教官）が指図をするために、常時ボリュームを上げて聞けるようにしておいてください。地上で見ていて、やばいと思ったら〝ゴーアラウンド〟と声をかけますから、迷わず着陸復航手順に移ってください」なんて、やられるわけです。これで緊張しない人はいないと思います。

が、私は、日頃のカウンセリングの効果か、比較的平常心でゆったりとその時を待つことができました。ソロの場合、管制官との調整が必要なので20～30分待たされますが、その間ソファーに横になって休んだりもしました。多くの訓練生は、ここで緊張して動き回る人が多いそうですが、自分の中にあるTGLのイメージに穴が開くのを恐れて、横になっていました。そういう状況を自分で作ることも重要ではないかと思います。操縦自体はすでに何回もやったことですから、何も難しくはありません。危ないのは、いろいろ考え過ぎて、いざという時に頭が真っ白になることですから、それを避けようというわけです。

それだけ余裕を作って乗り込んだにもかかわらず、最初の滑走路への経路リクエストで、管制官に無線で「ブラボー1」と言うべきところ、「アルファー1」と言ってしまいました。何となく間違いに気づいてはいましたが、修正するのもややこしくて、管制官も「あーあ、ファーストソロなんで、ま、しょうがないな」なんて思ってくれたのか、話は通じたようでしたので、先に進めました。タクシー（滑走路への移動）する時には、ハンディ無線機を持って見守っている教官に合図するなど余裕も少し出てましたが、全体として自分の中で安心できたのは、やはり最初の着陸で自分一人の力で機体を接地させた瞬間でしょうか。「TGLは2回までならやっていいから、自分の判断で余裕があればやってください。余裕がなければ1回目でそのまま着陸してもいいです」と言われていたので、結局TGLを2回こなして着陸しました。最初の接地ができてしまえば、少し自信というか落ち着きもできてきたように思います。

ソロというのは、そういう自信を与えてくれるというか、一人で操縦するとはこういうことなん

「ソロ」は、一人で飛んで帰ってくる訓練飛行。期待と不安が入り交じる

だ、と気づかせてくれるものでした。着陸してエプロンに戻ると、教官のほっとした笑顔も目に入り、達成感を味わうこともできました。ソロの壁は、こうして基本に忠実に、そしてカウンセリングで一つ一つ階段を上ることで、スムーズに超えられると思います。

❷脳幹に刻む

ソロに出る場合のもう一つの壁といいますか、よくつまづくポイントに、ATC（管制官との無線交信）があります。原則として簡単な単語をつなぎ合わせたような英語で行いますが、時々、他の飛行機との間隔を取るために、場周経路のどこかでホールド（空中で旋回して待つこと）を要求されることがあります。通常の離着陸なら何でもないところ、いったんこういうイレギュラーな言葉が飛び込んでくると対応できなくなる、というのがその壁です。この管制官からの突発的な要求にも余裕を持って応えられないと、安心してソロに出してもらえません。

ここでも、人それぞれ危険に陥るパターンが違っています。一番怖いのは、ちゃんと聞き取れていないのに、分かったような気になって勝手な操縦をしてしまうことです。あるいは、操縦に集中し過ぎて聞いていないというのもあります。自分が無線で呼ばれているのに、答えないまま無言で突き進むという例も実際に見かけました。この無線の対処にも、各個人の性格というか癖が出てしまうんですね。人の話を聞いているようで聞いていない方、特に要注意です。で、私もそういう部類に入ると思っています。そして、そこから抜け出すのに役立つのも、やはり対話によるカウンセリングだと思います。つまり、何となく自分で「あー、人の話を聞いてるようで聞いてないから、注意しなきゃなー」と思っているだけでは、たぶんすぐにはこの壁は越えられないでしょう。「何となく」では自覚できないからです。それよりも、会話をしながらカウンセラーなどから「あなたは、人の話を聞いてるようであまり聞いてない」とはっきり言われる方が、自分の欠点としてよく認識できます。

「自分は英語が苦手だから……」とATCに苦手意識を持つ人が多いようですが、そういう方の訓練に同乗させていただいた時、何度も管制官から呼び出されているのに気づかないので、思わず「あのー、呼ばれてますけど」と言ったことを覚えています。でもこれは、英語よりも性格や癖の問題の方が大きいのではないでしょうか。性格や癖を修正するには、まず人からはっきりと宣言されて、その修正点を自覚することだと思います。そして自覚した修正点は、自分の性格に刷り込むように直していくことが重要でしょう。どうやって刷り込むかは、ここでも人それぞれの性格が関わってくるでしょう。しかし、共通して言えるのは、性格や癖は「相当意識して、何度もその通りやってみないと、修正するのは難しい」ということです。

私は自分の中で、このことを「脳幹に刻み込む作業」と呼んでいました。私は専門家ではないので、正しいかどうか分かりませんが、脳の表面では「理論的な考えを優先して理解したり修正したりできる」と思いますが、余裕のない時に、瞬間的な判断が必要な時に、その修正点が「ぶっ飛んでしまう」ことがあるのではないかと思います。そこで、脳の根元、生命の維持にかかわるような重要な機能を維持するための部分＝脳幹にまで、その修正点を刷り込む。そういう覚悟で練習しないと、緊急の場合には役に立たないと思います。

まあ、これは表現上の比喩なので、本当にこういう性格や癖の修正が脳の中心にまで影響することはないと思いますが、そのくらい「刷り込み」が大事だということです。どうやって刷り込むかですか？　それも、やはり性格によるでしょうね。何度も繰り返し認識、行動する必要があるのは言うまでもありませんが、その回数は人によって違うでしょう。そしてまた、繰り返しだけでは不十分に思える人もいるでしょう。そういう人は、実際に何らかの危険な目に遭って、ドキッとしなければ修正できないかもしれません。訓練生に接する教官もそのあたりは見ていて、たぶん目星をつけて教えていると思います。「この人は3回は注意しないとダメだなー」とか、「いくら言っても直らないから、少しぎりぎりまで放っておいて、本人が危険を感じないとダメかもなー」とか。本当の危険に陥る手前まで、教官は手を出さずに見ているということもするでしょう。このように脳幹に刻む作業も人によってやり方が違ってきますから、それを自覚することも大切でしょう。

❸ 道は一つではない

ソロフライトまで、長い時間がかかる人もいれば、すぐ出る人もいます。そして、できるだけ早く出るためには、自分を知り、修正を施していくことだと、繰り返し申し上げました。しかし、だからといって、誰もが同じようなシラバス、ステップでソロに出ることを目標とすべきではありません。目標は実技試験に合格することですよね。前にも書きましたが、早くソロに出たからといって、そのままぶっちぎりの早いスケジュールで合格まで行けるものではありません。むしろ、いろいろ見ていますと、さっさとソロに出た人ほど、後で苦労しているようなので注意が必要です。トラフィックソロを何回かこなし、ナビゲーションソロで他の空港まで自分一人で飛んで帰ってくるなどの訓練が終了したら、もう後は受験が近い……ということでは全くありません。自分自身を振り返ってみると、一通りのソロフライトをこなした後の方が、苦労が多いように思います。そして、その苦労を感じるようになると、ソロで飛ぶのか、それとも教官と飛ぶのかなんて、大した差ではないと気づいたりします。教官を乗せていても、それこそ荷物を積んで飛行機の自重が違うようなものと今では思います。

でも訓練の最初の頃は、ソロに出れば、あと少しで合格できて、それこそ一人でパイロットとしてどこにでも飛んで行けるような気がするのです。しかし訓練を重ねるうちに、それが大きな勘違いだということに気づくのです。もちろん、お分かりだと思いますが、これは超えるべき通過点というか、一種の学習高原みたいなもので、ソロを経て初めて見えてくるものも多いです。しかし、むしろそれが訓練の出発点であって、目標ではないということです。ですから、ソロまで時間がかかる人は、学習高原を超えた後の訓練の一部を先にやっている可能性があります。そういう人は、ソロが終わってからあれよあれよという間に上達して、比較的スムースに試験レベルの操縦にたどり着きます。逆に、ソロまでを簡単に飛び越えてしまった人は、その分、その後に苦労が残っているということになります。

つまり、合格までの道のり、シラバスには、いろいろな経路があって一つではないということです。そうすると今度は、何をもって訓練の段階を確認するのかということですが、それはやはり、自分を知り、欠点や修正すべき点をどれだけ素早く、そして確実に修正していけるようになっているかだと思います。たぶん国内で自家用操縦士に合格できた人は、ある一定のレベルにあるのですが、何をもって同じレベルかというと、この自己分析と修正ができているかどうかがモノサシです。

私の場合もそうでしたが、他の合格者の話を聞いてみると、みなさん試験官に何らかの課題を指摘されたうえでの合格のようです。私は「もっと時間意識を地上の人より細かく正確に持ってください」「目標の取り方も、ピンポイントで取れるように意識してください」といった指摘を受け、それらの修正が今後の課題だと言われました。つまり「何十時間かの飛行訓練だけで、安全に完璧なフライトをすることができるようになる人はいない。むしろ、自分の修正すべき点を意識しつつ、今後も安全に運航するにはどういうことを学んでいかなくてはならないのかを、しっかり認識することが合格者の最低限の条件だ」ということを学んだのでした。

それはそうでしょう。2000時間以上乗ったベテランパイロットですら、いつも航空情報や新しい技術情報などを勉強していますから。たぶんパイロットにとって、技術技量の完成はないのでしょう。これで十分ということはないんですね。そんな中で、合格できるかどうかのポイントは、やはり間違いや癖に自ら気づいて、それらを継続して修正していくことのできる能力を持っていることだと思います。先ほど、ソロは目標ではなくて入り口であり、そこからがスタートだと書きましたが、試験に合格することも、やはり安

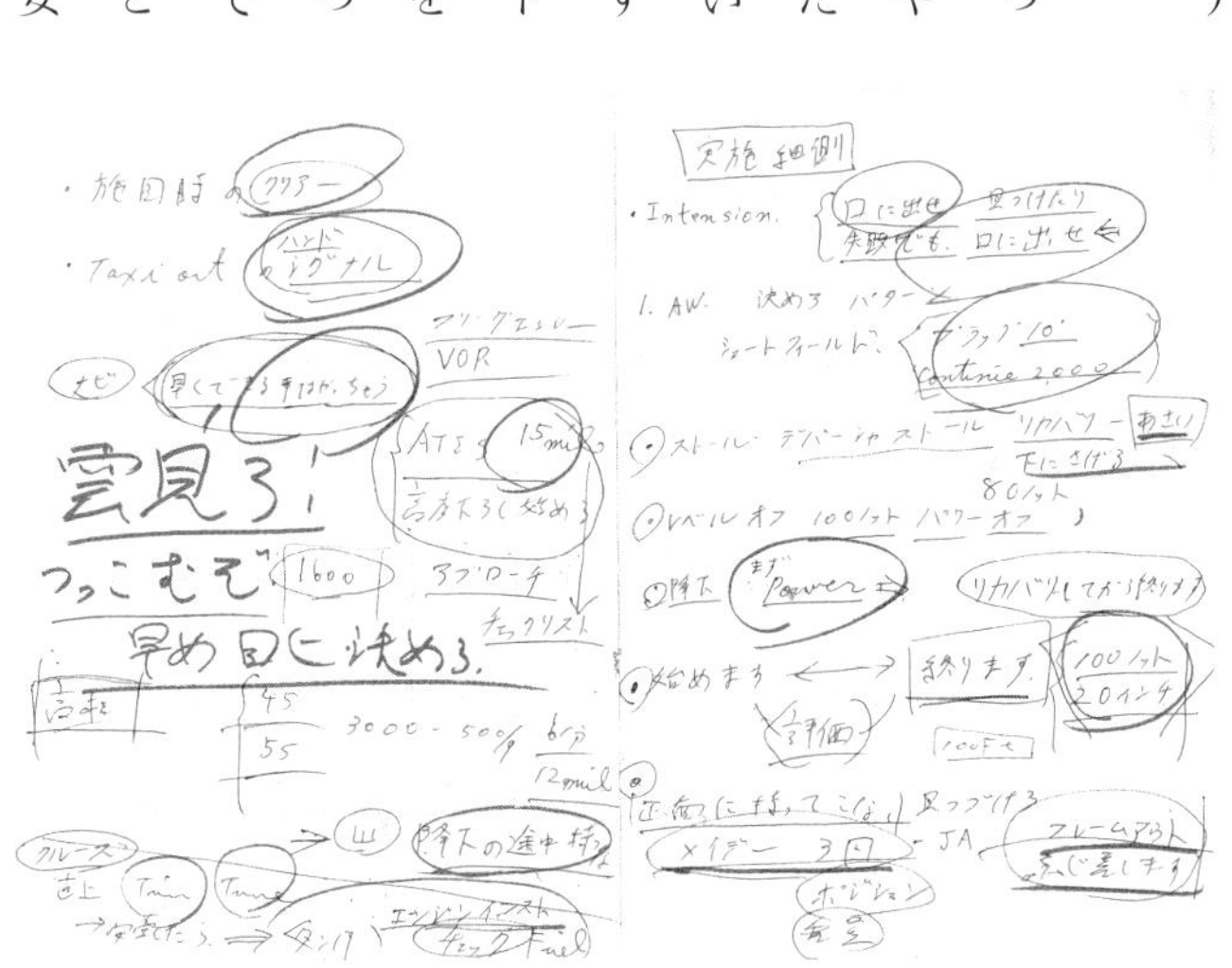

ある日の私の訓練メモ。実物は、大事なところを赤字で書いてある

全なパイロットになるための入り口に立っただけだと思えます。

そして合否を分けるのは、その学習方法といいますか、自己の修正方法を根本的に身につけられているかどうか。最終的には、この点を問われているのではないでしょうか。もちろん、飛行機を安全に運航し、着陸させるまでの一通りの技量はチェックされます。しかし、試験の日の天候や指定されるコースなどによって、その難易度はえらく差が出てくると思います。すると結果的には、一律の表面的な技能だけで合否を判断するのは難しく、やはり、どのように自己を知り、間違いをどれだけ早く安定して修正できるかにかかっていると思います。

ですから、訓練の過程も千差万別、人によって道筋はいろいろです。学校の試験のように「これをやれば合格」ではなく幅があるゆえに、どちらかというと、その人の姿勢というか、心構えの部分に合否がかかってくるようです。それは、試験科目の具体的な内容でも分かります。例えば、高度、ナビゲーションの試験では、決められた高度から200フィート外れたらアウトと決められていますが、気候や風の状況で、200くらいすぐに変動してしまうこともあります。そこで、それを早いうちに認識して、修正を試みようとするかどうかが、合否の境目になります。合格への近道となる訓練法はなくても、自分を知り、自己の欠点、癖を早いうちに認識し、いかにそれを確実に修正していくかが重要なのです。だからこそ、カウンセリングの効果が合否に大きな影響を与えるといえます。

❹ 相手は自然だと知る

ヨットやボートに親しんだ人はよく知っていますが、天候や風によって全く操船の難易度が変わってきます。やはり、自然が相手だからですね。飛行機も同じで、画一的に「こういう操縦ができたら、はい免許をあげましょう」ということにはならないのです。試験の難易度もその時の天候や風で全く違いますし、パイロットになってから遭遇するであろう気象条件も違います。そういう人の力の及ばない自然に向かって小さな飛行機を動かすためには、最終的には、人間の精神的な面を十分鍛えておかなければならないと思います。ヨットを通じて青少年の成長を厳しく促すという、何とかヨットスクールなんていうのがありましたよね。自然に対峙するためには、やはり先見性とか、冷静な判断とか、精神的な成長が欠かせません。そのせいでしょうか、よく訓練の過程でも「飛行機の操縦士免許は、追いかけると逃げるよ」と言われました。

私なりの理解は、免許は技能や技術だけを習得すれば与えられるものではないから、そこのところを誤解して形ばかり追いかけても、決して応用や正しい判断に結びつかず、結果として遠回りしてしまう——ということです。同時に、やはり訓練で学んだことを脳幹に刻みつけてから次のステップに行かないと、あいまいであったり、ほんわかと記憶している程度では、次のステップに行った時、また基礎の部分からの組み立てになってしまい、逆に時間がかかるという理解です。

これは、どんな表情を見せるか分からない自然を相手にしている以上、仕方のない世界ですよね。これまでの記述で「ふーん、飛行機って精神論なんだなー」と感じた方は、そこを理解していただきたいと思います。決して精神論ではないんですが、やはり自然を相手にする以上は、人間の持っている能力すべてで判断していかなくてはならないということを。だから訓練の途中でも、教官との会話には、精神論というか、勘というか、第六感に関するものが結構ありましたね。そういうのが面白くならないと、操縦訓練も楽しくないのではないかと思います。

訓練生の中には、自分が訓練で飛ぶ時はいつもビデオで記録し、それを見返して復習しているという人もいました。その効果はどれほどか私には分かりませんが、こと操縦に関しては、どのくらい効果があるのか疑問です。私などは、そういう記録があることでかえって安心してしまって、「後で見返せばいいやー」とばかりに、訓練のポイントを自分のものにする作業がおろそかになって進歩しないと思います。私の場合は、やはり自分の頭で記憶し、訓練中にポイントを探って、それをカウンセリングによってより研ぎ澄まし、つまり絞り込んで、次回の訓練までに脳幹を修正、改革していく、ということの繰り返しの方が効率はよかったと思います。

先にも記しましたが、合格に至る道はいろいろあります。どれがいいかというと、つまりは、これから訓練しようとするあなたの性格の中に回答があるのです。ですから、ビデオを撮った方がいい人もいるでしょう。なので、どういう方法が自分に向いているか、それを掘り起こしてくれるカウンセリングなどは積極的に活用すべきでしょう。そうすることで、何が起きるか分からない自然に向き合って、混沌とした中に、成長という一本のはっきりした道を見つけられると思います。

第7章 訓練の実際

❶トラフィック

ここからは、飛行訓練の実際を述べていきます。訓練の第一歩、みなさんは航空機操縦練習許可を取り、身体検査を経て、学科試験の勉強も始めながら、期待半分、不安半分でセスナの操縦席に乗り込みます。「狭いなー」と誰もが感じると思います。そして、何か頼りないというか、作りが簡単に見える小型機を前にして、「こんなのでほんとに大丈夫なの?」と思うこともあるでしょう。教官は機体の点検など忙しく準備に追われています。訓練生であるあなたは何も分からず、機長席に座っていろんなことを思うでしょう。そんな初フライトのことをＦＡＭ（ファミリアライゼーションフライト）といい、飛行や機体に慣れるための飛行として記録されます。あなたの真っ白なログブックにまず一行、30分程度の飛行が記録されます。私は、乗り込んで教官との距離がものすごく近いことに少々の不快感を抱いたというか、変な話ですが「これ、訓練の前日にはニンニク食べちゃまずいなー」なんてことを考えていました。

手順は教官がどんどん進めて、管制塔とのやり取りで決まるタクシーや離陸のクリアランスなども、自分を置いて事は進みます。滑走路に向かってごろごろと走っている最中に、「セスナの室内って、軽自動車くらいの空間しかないんですね」と話したのを覚えていますが、他は記憶にありません。できるだけそこらへんの機械やスイッチに触らないよう、体を硬くしていたように思います。訓練らしい作業に入るのは、飛び立って、訓練空域に到着し、「さあ、少し操縦桿を持ってみてください」と言われてからでした。離陸してから15分くらいは経過していたと思います。操縦桿を引けば上昇、押せば降下しますし、傾ければそちらに傾斜しながら回転していきます。そんなお遊びみたいなことをやりながらも、勉強を始めた学科試験の知識で理解できるところは「そっか、そっか」なんて納得していました。そういう慣熟というか、お遊びフライトみたいなことを何回かやりながら、まっすぐ飛んでみたり、教官に言われた通りにやってみるわけです。

そして、最初にやった科目が確かスローフライトでした。スローフライトは速度を落としてゆっくりと飛ぶことで、着陸操作には必ず必要になります。エンジンの回転数を絞って、機体が沈もうとするのを操縦桿で上げてやりながら、まっすぐ飛ぶのです。この訓練では、エンジンの音が気になって仕方ありませんでした。絞るとゴロゴロといった感じになり、上げるとシュパーでしょうか。また回転数を落とすと、風の向きが変わるたびに聞こえてくる音が変わります。慣れないうちは、そのたびに「エンジントラブルではないか?」なんて心配したものです。こういうのも性格ですね。慣れてくると、音が変わっても「あ、風変わったな」なんて考えられるんですが。

　そのうち、スローフライトから、そのままスローな上昇降下、そして上昇降下しながらの旋回という風に難易度が上がってきます。複合的な操縦になってくるということですね。これらもすべて着陸操作のためです。最初のトラフィックソロ、それを目指しているわけです。そうした着陸操作の各パーツが完成したら、それを組み合わせて、空港以外の場所で着陸の模擬訓練をしました。例えば「はい、あの道路を滑走路に見立てて、高度1000フィートで着地という条件でやってみましょう」というわけです。こういう訓練は、すべて限られ

船舶の航行に海図が欠かせないのと同様、飛行に必須の航空図

た訓練空域の中で行われます。訓練空域は航空図にも記載されていて、一定の領域と高度範囲内であれば、訓練のために変な飛行をしてもいい場所です。この空域も、予約というか確保が必要です。八尾空港の場合、一番近い空域は「CK11」という奈良県の上空です。そういうことを知らない地上の人は、「このあたりはよく軽飛行機が来るなー」なんて思っているでしょうね。その空域まで、八尾を離陸してから5分か10分で到着します。

訓練空域で着陸に向けたパーツが一通り完成し、連続して着陸操作ができるようになる頃には、訓練終了後に飛行場に戻る際の実際の着陸操作も、部分的にですが訓練生に任せられるようになります。「ATC（無線）は教官の方でやりますから、着陸のトラフィックに乗せてみてください」というような感じです。そうやって、少しずつ自分でできる飛行区間を完成させ、積み重ねていきます。最初は「じゃあ、一人でやってみてください」なんて言われて、張り切って操縦しても、途中で必ず教官が自分の操縦桿に手を添えてきます。「速度、予定より切ってますよー。機首もう少し上げておきましょうね」などと丁寧に言いながら、「ちょっと私が持ちますねー」と操縦桿の補佐を受けるのです。

私はあまりにもそういうことが多かったので、初めて自分で全部やって着陸した時も、教官から「今日は全く手を入れませんでした。一人で降りましたねー」と言われるまでそのことに気づかず、「あれ、今日はどこがいけなかったのか分からんなー。教官どこで持ってくれたんだろう？・」と考えるほどでした。そういうことを繰り返して、そのうち手を添えられることがなくなり、口頭で修正すべき点の指摘を受けるだけになる頃には、楽しくて、何度でもＴＧＬを繰り返してみたくなるものです。そして最後の方は、自分で「あ、あそこの降りるタイミング遅かったよなー」という感じで、指摘される修正点も分かってきました。私はそういう時、ついつい「分かってますよー。だから、そこがいけないんでしょう」なんて言いたくなることもありました。性格ですね、自分をよく見せたいという。性格の修正は、この段階から始めなくてはなりませんね。

何回もそれなりに離着陸をこなせるようになると、いよいよ「そろそろソロに出てみますか？」と聞かれたりします。ここで、日本人的に遠慮してはいけません。教官は、本人がやる気のない状態では絶対にソロには出してくれませんから。へらへら笑いながら、「いやー、ちょっと自信が……」なんて言っているようではダメです。コミュニケーションの方法として、以心伝心を期待するというか、「自信ないなー」とか言っていても、実はやりたくてうずうずしてることありますよね、日本人ですから。それは絶対にしないでください。ＡＴＣもそうですが、日本人的美意識よりも正確さや効率が優先される飛行機の世界では、そういう屈折した情報のやり取りはご法度です。例えば上空で、「では、一人で全部やってみてください。できますか？」と言われた時に、「自信ないなー」と言ったら即中止です。教官は「言葉ではそう言ってるけど、本音はやりたくて、自信もあって、やらせた方がいいかなー」などとは気を回してくれません。そんなことをしていたら、危険な状態になってしまう可能性があるわけですから。

私もある時、「じゃあ、後は全部自分でやってみてください」と言われて、「はい」と言ってしまったら、何と教官は座席を後ろに引き始めました。操縦桿が持てない距離まで下げて、リクライニングも倒して、「後はよろしく」というわけです。そこで本人が躊躇しているなら、教官は椅子を引かないでしょうが、それはそれで別に悪いことでも恥ずかしいことでもありません。自信がないならはっきりと言うべきで、風や天候の具合が不安なケースもあるでしょう。逆に、やりたいというか、できると思うなら、その意志ははっきりと伝えるべきです。そして自信をもってやり遂げることですね。

ソロに出る当日、チェックフライトといって、ソロの前に教官とTGLを飛びますが、その着陸が終わってから、教官に「ソロ大丈夫ですか?」と聞かれます。教官は、わざと言葉の抑揚で「ほんとに大丈夫? 不安だよなー」って感じで聞いてきます。でもこれ、ご安心を。教官は「こいつ大丈夫だな」と思った人にしか聞いてきませんから。最後のハードルとして、本人の意思と自信のほどを再度確認しているだけで、不安そうに上目使いなんかで聞くのは、わざとですから。そこで少しでも不安のある人なら、「いやー」とか言ってしまいそうですが、大丈夫なら「大丈夫です。ソロ出させてください」と言わなくてはいけません。一種の心理戦ですよね。その最後の壁を乗り越えて、文字通り一人で飛び立てた訓練生には、達成感とか、やりきった感のご褒美が待っています。そして次のステップに挑戦できるんです。

私は、トラフィックソロには確か3回くらい出ました。その最後に教官が、「さて、これで楽しいソロはいったんお預けで、次に少しエアワークとかやりましょう」と言ったのを覚えています。ソロが楽しいとひそかに思っていたんですが、「あ、ばれてたのか」とギクッとしたのを覚えています。こうしてトラフィックは一通りの完成ということになりますが、その後も訓練のたびに離着陸は必ずするわけですから、この訓練はずっと続くともいえます。

❷エアワーク

次に挑戦したのが、エアワークでした。エアワークとは、空中で故意にストール（失速）状態にして、その回復操作をしたり、スローフライトをやったりすることです。訓練空域で異常な姿勢や速度に持っていって、そこから回復させる操縦を学びます。ストールは空中に浮いていられる揚力を極端に小さくした状態のことで、放っておけば当然墜落します。それをわざと自分で作り出して経験するわけです。離着陸の各段階ごとにストールになるケースを想定して、デパーチャーストール（離陸時の失速）、アプローチストール（着陸のファイナルターンでの失速）、ランディングストール（接地直前の失速）などを経験します。またエアワークには、基本的な計器による飛行という科目もあります。さらに低い場所で正確な円を描いて飛ぶローワークもありますが、2014年4月、実技試験からこのローワークの科目の一部がなくなったことは前述した通りです。

話をストールに戻しますと、いま挙げた3種類のストールは、いずれも実際に「あるある」な状況です。例えば、着陸しようと空港に近づいた時、決められた場周経路からずれてしまうことがあります。そのため滑走路直前の着陸姿勢を取る段階で、急に高度と経路を修正しようとすると、機体は急激に傾き、バンクが入り続けて、そのまま横向きにすとんと落ちる状態がアプローチストールです。これ、故意に起こすのではなく、着陸の訓練で、実際にそれに近い状態になることを2回ほど経験しました。その時、教官から「ほーら、アプローチストールの科目訓練しといてよかったですねー」なんて皮肉を言われながら、エアワークの訓練のように回復操作に持っていったことがありました。言ってみれば緊急操作の一種でしょうか。これは、先に説明したソロフライトのもう一つの科目、ナビゲーションソロを想定しての訓練だったように思います。知らない空港で最初からぴったり場周経路を飛ぶのは難しく、滑走路直前で修正を強いられるケースは十分あり得ます。この時、旋回しながら「これ以上傾けたらストールに入るな」と分かっていないと危険だし、修正の練習も必要というわけです。

私の場合、このエアワークは少なめだったように思います。トラフィックで何度もいろいろ注意されつつやっていましたので、実質的に空港の周りでエアワークをやっていたような気もしますが、エアワークの訓練自体は早めに終了してしまいました。ただし、その分、エアワークの試験科目を完成させる時期になって、つまり試験の期日が迫ってきた段階で、このエアワークの諸元（飛行機の高度、速度、姿勢など）を安定させて飛ぶのに大変苦労しました。やはり先に進むことだけが訓練の目的ではなく、基礎をしっかり身に着ける大切さを痛感しました。さっさと済ませた科目は、どこかでまた手間がかかるものだと身に染みて認識させられました。

このエアワークでも2回くらいソロに出ましたが、一人で飛んでいる時に思い切って失速にまで持っていけたかというと、全然消化不良でした。八尾空港から奈良盆地の上空まで自分一人で飛び、そこで決められた訓練空域を出ずに練習して、最後は決められた時間に帰投するという、一連の流れを訓練して終わったように思います。訓練空域で「自由に一人で、小一時間飛んでいいよ」と言われて何をやっていたかというと、ほとんど地上の観察ばかりしていました。教官には「スローフライト、やってきました」と報告しましたが、確かにできるだけゆっくり飛んではいましたが、速度や高度を気にしていたわけでもなく、地上を見て「東大寺か」「あ、若草山はあれだな」「あの古墳はなんだっけ」と、観光フライトみたいなことばかりやっていました。結果的にそういうことが次のナビゲーションで役に立ってくるんですが、この時は一人で気ままに空中を漂って、一言で言うと幸せを感じて飛んでいました。操縦席を照らす太陽の光の方向が変わると「自分が飛んでいるなー」と実感しますし、地上の道路が「混んでるなー」とか何でもないことが楽しくて仕方がなかったと思います。ま、それに、いつも何かと指摘を受けるうるさい（失礼）教官もいませんから、本当の自由を感じた気がしました。そこでまた、「早く免許を取って、こんな風に自分の判断だけで飛んでみたい」と新たな決意もわいてきました。

❸ナビゲーション

さて、ここまで来れば、飛行訓練も半分くらいは終わったといっていいでしょう。これからは、移動手段としての飛行機の役割通り、他の空港に行く訓練となります。ナビゲーションの実践です。先のエアワークソロでもそうですが、ここの段階になると、ATC（無線）はほぼ完璧にできなくてはなりません。いったん空港の場周経路を離れると、そこには緊張度の高い飛行の交錯したエリアがどんどん現れるからです。たとえ有視界飛行でも、TCA（トラフィック・コントロール・エリア／航空交通管制圏）圏内では、訓練中は必ずどこかと交信しながら飛行しなくてはなりませんから、常に耳は無線にあります。突然呼び出しを受けて、「今、あなたの3時の方向からそちらに向かっている機体が何マイル先にいます。注意してください」とか、「高度を3000フィート以下に下げて飛行できますか」とか、いろんなことを聞かれます。操縦も慣れていないのに、同時にこういう無線も一人でこなすのは、最初はかなり難しく思えました。が、やっているうちに、自然に管制官が他の飛行機と話している内容が聞こえてきて、何となく周辺の状況が分かってくるようになります。それが分かれば、「あ、これは来るなー」「たぶん高度を聞いてくるな」などと推測も立ってきます。ですから、やはりこの訓練は慣れが大事でしょう。

八尾空港で訓練する場合、例えば高松空港や岡山空港への往復がナビゲーション訓練の航程になるので、一回の訓練時間はこれまでになく長くなります。確かに、この頃の私のログブックを見ると、ナビゲーションに入った段階で1回の訓練時間は1時間半を超えています。それまでは、ほとんどのフライトが30分程度です。そして教官に言わせると、この訓練に入るまでに学科試験の全科目に合格しておいた方がいい、ということでした。なぜなら、せっかく時間の長い訓練を繰り返して、課題ができるようになっても、もし学科に合格していなければ実技試験の日程が組めないので、のんべんだらりと無駄飛びが多くなってしまうからです。ナビゲーションの勘を養ったのに、学科がまだ残っていては、そこで実技訓練を中断してでも学科を受けなくてはならなくなり、しばらく学科のために実技の空白時間を作ってしまうと、今度はナビゲーションを最初からやり直さなくてはならなくなる。そういう無駄をなくすために、この段階までに学科を終了しておく方がいいのです。

ナビゲーションは、自分で自分の飛んでいる位置を確認し、行きたい方向を割り出し、目的地への到着時間を計算しながら飛ぶ訓練です。そう、操縦だけの訓練から、今度は実際にA点からB

点に飛行機を飛ばすことを意識しなくてはなりません。この頃から、無線だけでなく、操縦以外にもやるべきことが急激に増えてくるのを感じつつ飛んでいました。まず自分の飛んでいる場所が分からなければ方向も割り出せないし、まして到着時間なんて計算しようがないですよね。なので、ここでも焦る気持ちを抑えて、一つ一つ作業を積み上げていくことが必要です。

今思い返すと、訓練で一番記憶に残っているのは、このナビゲーションでいろいろあったことですね。長い時間飛びますから、自然現象を含めていろんな経験をすることになると思います。地上をじっと見ても自分がどこにいるか分からなくなることなんか、いくらでもあります。GPSがありますので、免許を取ってしまえば、それでほとんど事は済みますが、今のところ実技試験ではGPSを使わない前提です。実際、試験の時に、試験官からGPSの画面を消して飛ぶように指示されました。そうなると、地上の目標物を見つけて確認する、自分の飛んでいる方向や速度から推測して場所を割り出す、VOR（超短波全方向式無線標識）などの電波航法援助装置を使って割り出す、といった方法で自機の位置を確認します。そう、自分が飛んでいる場所がどこなのか分からなくなるくらい長い距離を飛ばなくては、そういう訓練にはなりませんよね。なので、訓練時間も長くなるというわけです。

いつも訓練で飛んでいた八尾空港以外の管制塔の無線を初めて聞いた時には、「わー、本物だー」（八尾も本物ですが）と興奮したのを覚えています。八尾は訓練機が多く、管制官も初心者には少しゆっくり話してくれたりしますが、高松空港などはＪＡＬやＡＮＡなどの定期便、その他の事業機も多いので、訓練機だからといって手心を加えてくれることはないようです。さっきＡＮＡと話していたのと同じ調子で呼び出されて、先に定期便を降ろすのでそのままホールドするように指示されることもよくあります。やっと飛行場が確認できて「あそこに降りればいいんだー」とホッとしていた時に、「ホールド、オーバーＡ」なんて言われるわけです。「Ａ地点の上空で旋回して時間をつぶせ」ということですが、慣れないと「えっ、Ａってどこよ！」ということになります。もちろん、最初に教官と高松空港に行った時に、そのホールドすべき地点目標の上空を一通り飛んで、親切にもその見つけ方をちゃんと教わります。慣れれば何ということはありませんが、初めての経験では、指示された時間そこで旋回し続けるのは、なかなか冷や汗ものでした。

そして、ホールド中に旋回の高度や速度を気にしていると、続いて「空港に向かっていいよ」と言われた時に、「あれ、自分は今どっちを向いてるんだっけ？」ということになります。ぐるぐる回っているうちに方向が分からなくなるのです。もちろん計器には「ヘディング１７０度」などと表示されていますが、「空港の方向はどっち？」「どれだけ飛んでトラフィックに入ればいいの？」なんて考え始めます。こういう時、冷静に全体の地図を頭に描いて、「そっか、とりあえず１８０度くらいまで向いたら南進して、滑走路の中央を目指せばいいなー。でもすぐダウンウィンドウだから、左旋回しやすいようにちょっと斜めに進入しよう」と考えられるようになれば、ソロも近いということです。

さて、そういうナビゲーションの訓練を積んで、最初にナビゲーションソロに出たのは、八尾空港と南紀白浜空港の往復でした。この頃には、もうトラフィックソロで4時間くらい飛んでいましたから、八尾空港周辺や基本的な操縦には慣れていましたが、問題は「飛ぶ方向」でした。計器を見れば、自分の飛んでいる（というか飛行機の頭が向いている）方向は出ています。けれど、それが実際に向かっている方向かというと、そうではありません。船が強い海流に流されてまっすぐには進めないのと同じで、飛行機も風に吹かれて流されるのです。例えば、八尾から南紀白浜を目指して機首を190度に向けて飛んでいても、西からの風で東方に流され、実際には170度に向かっていることさえあります。すると、自分では南紀白浜に向かっているつもりでも、ずっと名古屋寄りに流されていきます。紀伊半島の山はパッと見た感じどこも同じに見えるので、ボーっとしていたら自分の現在位置が分からなくなります。

そこで、こまめに地点目標を決めたり、VORの信号を頼りに自機の位置をしょっちゅう確認しながら飛ばなくてはなりません。地上を見て自分の位置を割り出す訓練のために、できるだけ目視で飛ぶことを求められますが、最初のソロではやはり不安で、VORもいじったりしながら飛んでいました。教官からは「迷ったら機械を信じなさい」と言われていました。「なーんか違うなー、海側に出た方が分かるかなー」と不安になってきましたが、「ここで海へ出たら帰る時間が遅くなるなー。そうしたら、どこへ行ってた？ということになって、かっこ悪いなー」などと考えていました。結局、ＶＯＲと自分で作成したログを信じて我慢して飛び続けたことで、何とか時間通りに南紀白浜に到着しましたが、もし自分の感情を優先させていたらと思うと、ぞっとしました。その時の経験が、ライセンスを取って一人で飛ぶようになってからも、大体予定通りに飛行できる原動力になった気がしています。ずーっと不安なままでしたが、南紀白浜空港が真正面に見えてきた時には、かなりの達成感がありました。

「迷ったら自分の感情ではなく機械を信じること」という教官の注意を守ったおかげで上手くいったわけですが、ビジネスの場面では、人の言うことを聞かずに自分の考えというか信念で動いて成功してきた体験がありましたので、そのあたりの感覚を例のカウンセリングを通じて自分の欠点として認識していたことが、ここでも生かされたと思います。実は、今でも仕事の世界では「他の人が言っているように動くだけでは、決して抜きん出ることはできない。むしろ、自分の感覚や考えを頑なでも優先すべきところはある」と思っています。しかし、そればかりでは、飛行機も日常生活も不都合なところがあるのですね。こういう訓練で「ああ、教官の言うこと聞いていてよかった」と感じることで、それを認識できるようになった気がしています。

八尾空港から南紀白浜空港までは、ほぼ一直線で、その始点には「しのだ」というＶＯＲ、終点には南紀白浜空港のＶＯＲがあり、今では「あんなコース迷いようがないよな」というくらい素直なコースです。しかし次にナビゲーションソロに出た高松空港は、八尾からだと神戸空港を迂回しなければならず、先に書いた訓練空域が立ちはだかり、最低でも3カ所、多ければ5カ所くらいのウェイポイント（飛行機の針路を変えるべき地点）があります。厄介なのは、その変針点で高度変更の必要があるところもあり、着陸操作に入るポイントもあり……と盛りだくさんの手順が控えていることです。どうしても、ここで一つの動作や諸元に気を取られていては、どんどん作業がたまってしまい、余裕をなくすことにつながります。ここでは細かく書きませんが、先読み先読みが必要です。

例えば——まず八尾空港を離陸したら、神戸空港の管制圏を避けるため北東に向かいますが、その針路を取りつつ、次に明石くらいまで行って神戸空港をクリアした後の高度をどうするか決めなくてはなりません。その先の雲の様子や訓練空域の使用状況などを考慮して、障害をどう避けるか考えます。飛行予定では訓練空域の上を飛んで避けようと思っていたところ、雲が低くてそこまで上がると視野がなくなると判断すれば、今度は訓練空域を低い高度で突っ切れるかどうか管制官に聞く必要がありますし、もしそこで誰かが訓練していれば、危険ですから低い高度のままルートを北寄りに変更して避ける必要もあるでしょう。先へ先へと、考えをめぐらせながら飛ぶわけです。

一度、八尾空港をソロで飛び立ち、高松空港へ向かったところ、神戸市の上空で前方が真っ白となり「こりゃ、無理だわ」と思って引き返したことがありました。引き返し方を具体的には習っていなかったので、とりあえず練習している訓練校の無線を呼び出して、「引き返しますが、教官にそのことを伝えてください」と送信しました。驚かれるかと思っていたら、無線の相手が普通に「了解です。気をつけて帰ってください」と言うので、「ああ、いいんだな、引き返しても」とここで初め

着陸時に「危ない」と思ったら無理せずにやり直す。TGLはそのための練習でもある

て納得した気分になりました。実は、この前方が真っ白になった原因は、空中のごみ(ヘイズ)が太陽光に反射して光っていた状態で、そこに行けば視界不良はなくなる類のものでしたから、そのまま突き進むこともできたそうです。帰ってから教官に怒られるかと覚悟していましたが、逆によく帰ってきたという感じでニコニコしていたので、ホッとしたのを覚えています。どうも、飛行機では「やめる勇気」が大切だということを、ここでも感じました。

そういえば、着陸の時も「ゴーアラウンドする勇気」が重要で、危険と感じたらスロットルをいっぱいにふかして再度飛び立つ方がずっと安全だ、ということも最初のうちに叩き込まれたように思います。その引き返す判断、ゴーアラウンドの判断、いずれも性格によって変わってくると思いますが、自分なりに「あ、これはもうダメだな」と感じたら、すぐにやめることが大切でしょう。これができないマッチョな性格、あるいは優柔不断なタイプの人は、早めに性格を見つめ直しておいた方がいいと思います。

❹ 苦い思い出

そのゴーアラウンドでも忘れられない経験をしたので、記しておきましょう。ナビゲーションソロで、やはり高松に行って八尾に帰ってきた時のことでした。予想に反して風がきつくなり、18

ノットの制限いっぱいまで吹いていました。初心者の私は「風が強い＝横風ランディングの手順が必要」という認識が薄いまま進入し、最後の接地点で強風にあおられたようになり、滑走路に対してほぼ真横を向いてしまいました。そのまま行ったら滑走路横の草地に突っ込むギリギリのところでスロットルを入れ、何とか浮き上がってゴーアラウンドしました。自分の足元に、普段は横にある滑走路脇の草むらが広がっているのを見ることは、何とも気持ちが悪かったですね。到着をずっと見守っていた教官は「あの時はもう事故ったと思いました」と言っていましたが、その直前で事なきを得たのです。

いろいろ問題点はありましたが、一番の原因は、私が以下のいくつかの状況を意識せずに着陸操作に入ったことでした。まず、出発した時より風がかなり強くなったこと。それも滑走路に対してほぼ横風の状況になっていること。ナビゲーションの帰りで、燃料も少なく機体が軽くなっており、より横風の影響を受けやすくなっていること。そして、慣れないソロの帰りで自分の集中力が落ちていることなどです。そういうことを意識しておけば、あんな危険な目に遭う前に、横風のウイングロー（翼を傾けて風を受けても直進できるようにすること）を十分に取るなど、何らかの対処ができたはずでした。この時も「管制官からも怒られるよなー、きっと。こんな混んでる時にゴーアラウンドしちゃって」と思いましたが、たまたま女性だった管制官の「大丈夫ですかー？」という声が無線から聞こえてきた時にはホッとしました。さらに、こちらを気遣って「横風にならないように、方向の違うもう一方の滑走路を使うことを要求されますか?」などと解決策を提示してくれました。それに飛び乗ったことは言うまでもありません。

後で知ったことですが、地上で心配した教官は、双眼鏡で機体の損傷がないか確認し、すぐにカンパニー無線(管制とは別に、パイロットが所属する航空会社、学校、役所などと交信するための無線)で「落ち着いて」などと伝えてくれていたそうです。しかし、その時は他の交信が多くてうるさかったため、着陸前にカンパニー無線のボリュームを絞っており、教官の声は聞こえませんでした。その代わりにといってはなんですが、優しい女性管制官の声に励まされながら(管制官ですから決して無駄なボイスはありません。私が勝手に癒されていただけです)、別の滑走路に進入していきました。風はあいかわらず強く吹いていましたが、今度は横風成分が減るので、そのぶん楽になります。そして正面風はどちらかというと自信がありましたので、普段のまま安定して着陸することができました。着陸後、駐機場まで移動する間にある停止ポイントで、ほっと一息、横に積んでいたペットボトルのフタを開けようとした時に、少し手の震えが来たことが忘れられません。その時、緊張がやっとほぐれたのでしょう。自分でもびっくりしましたが、こういう場合、終わってから震えが来ると訓練仲間から聞いていましたが、その通りでした。

さて、エプロンに着く頃にはお茶も飲み干し、震えも止まって、何食わぬ顔で停止操作をし、飛行機を降りました。教官だけでなく、周りでプロパイロットを目指して訓練している若者の集団が何となく私を見ているようでしたが、そこは大人といいますか、年配者の威厳を捨てるわけにはいきません。教官の顔がややひきつっているのを確認しましたが、教官も叱るわけにもいかず、「さっきのゴーアラウンドはグッドです」などと言ってくれました。確かにそこの操作はよかったとは思いますが、それに至る私の不注意というか、風に対する意識の希薄さを思い出すたびに恥ずかしく、今でも胸にキュンとするものがこみ上げてきます。風を十分に認識して、積極的に情報を取ることの重要さを学びましたが、同時に、やはり自然が相手ですから予想通りにはいかないもので、その場合には「直ちに迷わずゴーアラウンド」。何だか人生教訓みたいになってきましたが、そういうことをこのナビゲーションソロではいくつも学びました。

❺操作手順

精神論が多くなってしまったので、ここで実技試験合格に向けた「操作手順の覚え方」について、お話ししましょう。操作手順そのものは、そんなに難しくはありません。記憶力のいい人なら、2回か3回やってみれば基本的なところは覚えられると思います。覚えられなければどうするか。手順を書き出したり、何度も繰り返し口で言ってみたり、学校の受験と同じですね。受験と違うのは、ここからです。頭で覚えた操作手順を体で覚える必要があります。そのために回数を多く飛ぶ必要があるか？ いいえ、それは間違いです。自分の頭で整理できていない状態では、いくら飛んで訓練しても、それは無駄飛びになってしまいます。記憶や意識がいろんな方向に向かってしまい、混乱することもあるでしょう。

では、どうするか。家で、椅子に座って、操縦訓練をしてください。まず、家の中に一人で集中できる場所を見つけてください。家族が出入りする部屋では途中で集中が途切れることがありますから、一人で1時間くらい座っていられる部屋を確保します。座ったら、操縦桿が目の前にあるつもりで訓練を始めましょう。そう、両手は空中で操縦桿を持ったつもり、目の前にはスロットル、フラップのスイッチなんかが並んでいるのを想像します。そして、いつもの訓練通りの手順を順番に、それもエンジンをかけるところからやっていきましょう。マグネトをひねって、ブルルン、今日も気持ちよくプロペラが回り始めましたね。そういう流れを頭で描きながら、左手はいつものマグネトの場所でスイッチをひねるのです。頭の中で手順を考え、手足を実際に動かしてみましょう。

私を導いてくださった教官は、自衛隊でも長年教官をしてきた、いわば教えるプロです。その先生に聞いたところでは、税金を使って訓練をしている自衛隊では、パイロットを養成するのに無駄な時間は使えないということで、みんな早いうちからこの「頭の中でやる操縦シミュレーション」を繰り返すそうです。それも、ほんとに飛行機に乗り込んでベルトを装着するところから始めて、最後に機体を離れるまで。実際と全く同じことを、実際と同じタイミングで、操縦を想像しながらやります。だから時間も訓練と同じだけかかります。そのシミュレーションを、実地の飛行訓練のたびに、訓練の直前と訓練が終わった後に実施します。さらに訓練のない日には、午前と午後など、一日に何回か繰り返します。そうすることで、一般の訓練生と比べて、自衛隊では半分くらいの訓練時間で飛べるようになるそうです。

操作手順を覚えるということでは、この作業は絶対にやった方がいいです。私は、これをやらないで免許が取れるとは思いません。プロパイロットを目指す若い訓練生も、同じようなことを言っていました。彼らは自宅のパソコンにシミュレーターを入れて練習をしたり、あるいは自分が乗る飛行機の操縦席の写真を実物大に引き延ばして部屋の壁に貼り、それを見ながら練習したりと、それぞれ工夫を凝らしていました。余談ですが、若いパイロットの卵たちが、その引き延ばした写真を前に、実機さながらの真剣な表情でシミュレートしている姿を想像すると、「日本の若者も頑張ってるよなー」と安堵するというか、心強く思いました。

ただし、ここで悪いパターンは、そういう道具立てにこだわり過ぎることです。シミュレーションソフトを買い集める、自宅に本物の飛行機の椅子を置く、といったパターンですね。大体そういう人は、練習の実のある部分に到着する前に自己満足してしまって、肝心の地道な訓練をできないでいる場合が多いようです。最初の方で書きましたが、知識先行型で頭でっかちな訓練パターンになっている人が、この誤りに陥りやすいです。ですから、モノは何もなくていいと割り切る方が早いですね。練習する場所がなければトイレでもいいのではないでしょうか？ この一人シミュレーション、最初は少し恥ずかしいかもしれませんが、やり始めると、自分ができないところ、つまづきやすいところが見えてくるし、面白さも感じるようになって、たぶんはまります。苦手なところをスムースに操縦できるまで何度もやれば、実機で訓練する時の不手際が少なくなることは請け合います。

操作手順は、こうして繰り返して体に刻み込みましょう。そして実際の飛行訓練は、家でやってきたシミュレーション操縦の仕上げ、テストだと思うと、気づくことも多く、また修正も早めにできていいと思います。実機の訓練に合わせて、「今日はストールをやってみよう」「今日はスローフライト」なんてやるわけです。

❻慣熟学習カーブ

操作手順を体に覚え込ませて、いざ実地訓練ということになりますが、どうしてもシミュレーションと違ってくることがあります。例えば、順調に着陸手順をこなして「完璧だ！」と思っているところに、管制官から「２７０度旋回してホールドしてください」なんていう無線が飛び込んでくるわけです。本物のシミュレーターなら、こういうイレギュラーや天候の変化なども取り込んでくれるそうですが、即席の自分シミュレーターではそうはいきません。ですから、自分なりの予定や想像とは違う動きになることはしょっちゅうあります。ここで操作手順に関する記憶が薄いと、その後がめちゃくちゃになってしまいますが、しっかり予習できていれば、イレギュラーの処理を終了して、すぐに頭を切り替えて元のルーティーンに戻れるわけです。ここでも自分の習熟度合いが試されると思います。慣熟すれば瞬時に作業ができるはずで、何かで中断されても、あるいは少し変更があっても、手順自体は同じにできる必要はあるでしょう。いったん中断されたら後は続かないというのであれば、まだまだだと認識してください。

自家用操縦士の免許は「技能証明」と呼ばれていますから、つまりは技能を体で覚えるということでしょうか。論理的に言えば、覚えるのはすべて脳ですから、体で覚えるというのは比喩にしか過ぎないのですが、反射的な動きにも出るくらい覚えるということですね。そして、この体で覚えるというプロセスには、どうしても頭で考えたようには進まない部分があります。いずれも前に書いたことですが、追いかけると逃げるという現象であり、学習高原ということです。そういうスランプというか、頭や体が煮詰まった時にどうするか。私は、まず積極的に忘れるようにしました。自分の中では、これを「知識を熟成させる工程」と呼んでいましたが、そういうタイミングを作ることが必要なように思います。同じようなことを教官も言っていましたので、ここに記しておきましょう。

一週間に練習で何時間くらい飛べるか、という話になった時のことです。いろいろな訓練生を見てきて、その教官が感じたのは「あまり詰めて練習しても意味がない。週に2日くらい飛んで、5日休んで、というのが一番いいのではないか」ということでした。その5日間をどう過ごすかはコンディションにもよりますが、知識の脂が乗ってきた時であれば、継続してシミュレーションを繰り返すのがいいでしょうし、どうもスランプ気味というか、消化できないものを抱え込んだと思ったら、何日間かは飛行機のことを忘れてもいいと思います。ただ、訓練の前日くらいには、もう一度復習というか、シミュレーションを再開すべきでしょう。その時、ボーッとして、最初はどこから始めればいいのか一瞬分からなくなることがありますが、大丈夫、気にせず続けてください。いったん流れに乗ってきたら調子が戻るので、心配ありません。

そして、その調子が戻った時に、覚えるべきこと、注意すべき点が減っているのに気がつくと思います。教官に言わせると「知識が整理されたからではないか」ということですが、しばらく間を置いてから再度挑戦した方がスムーズに作業を思い出せることもあるようです。私的には「熟成された」ということになりますね。ワインでも適度に寝かせることで香りや味わいが深まりますが、人間の知識というか技能面でも、そういう時間をかける必要があるということです。ここのところが理解できずに一人で訓練に励んでいると、なかなか前に進めない。「自分には向いてないのかなー」とか「教官の教え方が悪いんだ」とか考えてしまうこともあると思います。確かに教官との相性もあるとは思いますが、10のうち8か9は、この熟成が必要な時期に訪れる停滞なので、前向きに捉えてしっかり頭を休ませてください。そういう時間も技能の上達には必要と知ることです。で、何でも効率的に前に進まないと気が済まない、私のようにせっかちな性格の人へのアドバイスです。この熟成期間を飛行のできない期日にうまく合わせていくと、訓練を前に進めるという意味では、時間を節約できると思います。どういうことかというと、飛行訓練は予定した通りに飛べない日が多いので、そういう休みになった日は、飛びたい飛びたいと思わないで、「ああ、ここで熟成期間が必要なんだなー。ちょうどいいや、今日は訓練のこと忘れよっと」という具合に頭をリフレッシュする時間にしてしまうのです。

予定した訓練日に飛べない日というのは、実はよくあります。仕事を持っていれば毎週土日に飛ぶことになりますが、そういう日は他の訓練生も大勢いますので、なかなか予約が取れません。例えば、土曜の午前中にやっと予約が取れたのに、当日は朝から雨でVFR（有視界飛行）で飛べる条件でなくなった場合、訓練フライトはキャンセルになります。その日一日雨ならあきらめもつきますが、午後から一転快晴なんていうこともあり、「では午後に乗るか」と思っても、予約でいっぱいだとそれも叶いません。そんな時、さっと頭を切り替えて他のことに集中し、この時間を熟成期間にできるかどうか。社会人の場合、技能向上に大きく影響するところではないかと思います。予定していたにもかかわらず飛べなかった日は、そこから急にゴルフに行くこともできず、なかなか時間の使い方が難しいですが、日頃、訓練のために疎かになっていた家庭サービスに精を出すとか、そのあたりは個人で工夫してください。ここで「じゃあ、次はいつ飛べるんだ」とか「また一週間待つのかー」などと考えてしまうと、せっかく丁寧にためてきた技能も振り出しに戻ってしまうこともあります。

私も訓練の最初の頃は、よくそういう気持ちになり、教官に「何とか今日飛べませんか?・」などとメールを送ったりしたものです。しかし、だんだん訓練が進んでくると、訓練の成長カーブの中で自分のいる位置が分かってくるのと、飛ぶことがすべてではないことに気がついてきますので、頭を切り替えて熟成期間にするか、あるいは逆にシミュレーションに集中してインプットに使うか、余裕を持って判断できるようになります。そういう割り切った捉え方ができるようになった時の方が、訓練の進捗も早かったように思います。無理に飛ぶことが合格に近づく道では決してないことは、知っておいて損することはありません。そういうオンとオフを繰り返しながら技能は身についてくるのです。オフの時期にどう過ごし何をするかによって、オフの時間が訓練の一部になるか、それとも「飛びたい、飛びたい」の一心で単なる待ちの時間になるかが決まってくるといえます。こういう考え方ができるようになるには、やはり一歩一歩向上しているという実感が必要だと思います。小さな積み上げでもいいので、何も学ばず、何も気づかない時間を少なくし、知識と意識を慣熟させていってください。

第8章　実技試験前の景色

❶感情と理論

さて、トラフィックソロも終わり、ナビゲーションソロも何回かやった頃、学科試験に合格していれば、後はもう、いつ実技試験を受けるかという段階になります。学科試験に合格してから2年以内に実技試験に合格しないと、学科試験の合格は無効になります。そうすると、もう一度学科試験をゼロから受けなければなりません。逆に言うと、学科に合格するくらいある程度勉強してから、2年以内でみなさん実技に合格しているということです。合格というと、もうそれで終わりのように思えますが、飛行機の操縦では、実は合格してから学ぶべきことは山のようにあります。飛行環境や制度、空港や機体の設備なども変化していますから、熟練したプロの教官でも勉強、勉強の連続だと言っていました。実際、はたで見ていても、途切れることなくいろいろな制度変更がありますし、訓練生の自分より教官の方が勉強の時間を割いていると感じたことがありました。最初に書いたように、外国でライセンスを取って日本の免許に書き換えた人は、それこそ合格はしていますが、どうしたってそれだけで「はい、どうぞ」と言われて日本の空を飛べるわけではありません。

合格しても飛べないライセンス？　まだまだ勉強しなきゃならない資格？　では自家用操縦士のライセンスって何よ？　ということになりますが、私は「自分で学び、自分で最低限注意すべき点を認識して、学習するだけの基礎を持った人が認定を受けたもの」だと思います。

実は、この原稿を書いている今日も、数日後に松山に飛ぶために、習った通りログを作成したり、無線施設を確認したりしていましたが、松山空港に近づくまでのトラフィック（他の飛行機）の情報をどうやって確認したらいいか、ＪＡＬでプロパイロットになった20代のパイロットにメールで聞いたりしていました。知識としてＴＣＡやＡＣＡ（アプローチ・コントロール・エリア／進入管制区）のことは知っていますが、航空図を見ると、松山空港の管制圏の外には「岩国ＡＣＡ」と書いてあり、「えー、米軍基地に連絡すんのー！」と心配になっていたのです。羽田でシミュレーター訓練をやっているというそのキャプテンによれば、「そうです、松山の管制塔は日本人ですが、その周りの岩国ＡＣＡにコンタクトしたら米軍の外人が出たりしますよー」とのこと。私はまだ新米なので、やはりレーダーで見守ってもらわないと不安だと思っていたところにこの情報で、やや気落ちしているわけですが、こういう作業ができるようになることが、自家用操縦士の合格ラインなのです。試験に受かったからといって、すべて分かって飛ぶことはできないということですね。

ですから、合格と同時に完璧に飛ぼうとしたら、そんなのいくらやっても合格には至りません。たぶん、ライセンスを取る前に嫌になると思います。どうです、その学習できる基礎をきちんと身につけているかどうかが合格ラインだと理解すれば、少しは気が楽になりませんか？ あれ、この話、この本のどこかで読んだことがありますよね。そう、訓練の実際をお伝えしてきた中で繰り返してきたこと、つまり、どうやれば自分の技能成長をうまく進められるか、性格の修正を自分でどのように進められるか、それが分かるか否かがポイント——というのと同じことです。これが試験でも問われているように思えてなりません。知識だけ分かってもダメ、でも当然知っておかなくてはならないことは外してはダメ、技能もその知識に見合って身につけなければダメ。合格のラインを認識するのはなかなか難しいことですが、最終的に試験官は「この人はパイロットとして日本の空を自分たちの仲間として飛んでもらって大丈夫かな？」という目で見ていると思います。

ですから、本書の最初の方で書いた、自分の性格を知り、空を飛ぶのに向いていないところは修正し、向いているところは伸ばしてやるという作業は、訓練の最初から最後まで重要だと思います。そして、知識と、そういう性格というか感情、判断能力をバランスよく体得することが必要なんですね。「飛ぶ時に地上生活のストレスを抱えていてはいけません」。こんなことも教科書には書かれています。これを書きつつ、「そうそう自分もちゃんとしなきゃ」と思いを新たにしていますが、焦ったり、ストレスを抱えて飛んでいいことは何一つないのは分かっているつもりでも、実際には相当な精神的な訓練を積まないと難しいと思います。私はその壁を、どちらかというと一人で乗り切ったのではなく、職場のカウンセリングという機会を利用して克服してきたように思います。

何だかまた抽象論になってきたようなので、ここであんちょこ的な情報を一つ。試験の時に知らないこと、分からないことが出たら、絶対に知ったかぶりをしてはいけないということについて書いておきましょう。実技試験は、まず口頭による口述試験を受けて、それをクリアして初めて実際に飛ぶ試験に進みます。口述試験の話題は、その日の気象状況や定員の重量をはじめ広範囲に及びます。時間にして1時間は聞かれますので、その範囲の広さは想像がつくのではないでしょうか。解答は短かめに要点を押さえて答えなくてはなりません。ぶつぶつ言って時間がかかるようなら、それで不合格ということもあります。が、何といっても、試験官が見ているのは「この人、本当に分かってるのかな?」ということです。分かっているとは、つまり、いろいろな意味で、飛ぶこととはどんなに危険で、またどんなに難しいことか認識しているかどうか。これを見られているような気がしました。

そういう時に、知らないことを知っている風な回答をすると、最低の評価になります。知らないなら「すみません、記憶にはないんですが、これこれの資料のどこそこに書いてあったと思いますので、資料を見ていいでしょうか?」と言うのがベストです。教官も言っていましたが、試験する方は何百時間も飛んだプロですから、そういう人と同じ知識レベルは求めていません。むしろ、分からない時にどう調べるかを見ているということでした。同時に、そういう時にごまかそうとする性格かどうかも見られているでしょうね。それは、やはりパイロットとしてふさわしくない性格だからです。管制塔からの指示や無線が聞き取れないのに、分かったような返事をして勝手に飛行を継続した場合、危険度は急速に上がります。たとえつたない言葉や先に述べたパイロットの7割頭でふにゃふにゃ言いながらであっても、「えーっと、すみません、どういうことでしょうか。もう一度お願いします」と言えた方が、ずっといいということです。英語では「セイ・アゲイン」と言えばいいのですが、それがあわてて思いつかず　おたおた聞いたとしても何の問題もありません。そういう状況はいくらでもありますから、聞き返しができないようでは、空を飛ぶのにふさわしくないと判断されても仕方がないことです。なんて言っている私も、何度かそういう状況に遭遇したことがあります。そして「ああ、聞き返してよかった」と胸をなでおろすこともありました。

このあたり、性格の修正には相応の時間も必要でしょうから、受験の期日を決める前に、自分でもう一度、性格や癖を修正できているかどうか問い直す必要があるでしょう。知識の足らないところや技術の面は、後でお話ししますが、試験期日が決まってからでないと収束、完成しない部分もあるようですから、性格の修正が「レディ・ゴー」になっているかどうかが肝心です。それは、やはり自分一人で判断するより、できればカウンセリングを受けた方が自信を持って試験に臨めると思います。そういう自分の中の合格ラインをクリアしたうえで、教官からゴーサインをもらえれば、さあ、実技試験の日程を入れてもらいましょう。

実技試験は毎月行われていて、前の月の15日までに、学科試験に合格した航空局に教官から申請を出してもらいます。すると、その月の25日くらいになって、具体的に「翌月の何日に誰それという試験官が担当します」という知らせがあります。実技試験では、自分の希望する空港に試験官がやって来て試験が行われます。関西では八尾空港が多いですが、私の場合、神戸空港が近いので、そこで受験することを希望しました。いよいよ最終試験に向けて、知識、技能の総仕上げをしていきましょう。

❷ 最大の敵、苦手意識

私の場合、試験期日が正式に決まったのが、確か10月20日頃でした。その日の訓練で、教官から「試験は11月6日に決まりました」と知らされたのです。あと2週間くらいしかありませんが、その2週間を無駄にするわけにはいきません。試験日を告げられた日の訓練では、初期の科目であるエアワークとトラフィックの両方を行いました。もう仕上がっているから、さぞうまくなっているだろうと思うでしょ？　ところが、これがひどかった。とにかく、体でなくて頭というか気持ちが勢い込んでしまい、それこそフルスロットルで離陸上昇し、そのまま宙に浮いている感じ。訓練を終了するまでそんな状態で、機体は着陸しているのに、気持ちはまだエアワーク中といったところ。教官が「ああ、めちゃくちゃですねー」と言って、不安げだったのを覚えています。その教官、私を勇気づけてモチベーションを上げるためでしょうか、その後に「イヤー、これ、なぜか分かりませんが、どの訓練生も決まってそうなんです。試験日を知らせた日のフライトは、みんなぐちゃぐちゃになっちゃう」と言っていました。私はここでも「分かるなー」と心の中でうなずいていました。

この時のフライトは、感情丸出し、本能の赴くまま、たぶん高揚してアドレナリンが出っぱなしで飛んでいたように思います。なぜか？　訓練や学習にそれだけ多くの時間を、そしてお金をかけてきたからです。だから、やっと実技試験まで到達できた高揚感といいますか、そういうものに押しつぶされた状態だったと思います。試験日について、訓練の前日夜にでも知らせを聞いていれば、まだ気持ちをコントロールする余裕を作れたかもしれませんが、飛ぶ直前に知らされてそのまま操縦桿を取るわけですから、ついいろんなことを考え、心の整理のつかないままのフライトになってしまったようです。ま、これも、一種の正のストレスだったのかもしれませんね。言い訳をしておきますが、ぐちゃぐちゃというのは飛行の高度や速度、姿勢などが決まらなかったということで、危険な操縦を繰り返したわけではありません。試験で決められたエアワークの諸元をきっちりと踏まえて飛べるように練習するのですが、それが決まらなかったということです。

そしてここからが、ここからの2週間が、最後の壁への挑戦になります。これまでソロもこなし、いろいろやってきた訓練生ですから、今書いた高揚感に舞い上がったままという人はいないでしょう。翌日以降は安定を取り戻し、余裕をもって臨めると思います。が、そこで、固い壁の存在に気がつきます。それが苦手意識です。苦手意識があって、頭の中でしっかりシミュレートできていない部分は、実地の飛行でもなかなかうまくいきません。これを書いていて、思わず「そりゃそうだろう、自分の頭で分かってないのをどうやって飛ぶんだよ」と自ら突っ込みたくなりましたが、これがよくあるのです。実際に飛んでうまくいかなかったら、ますますイメージを作りにくくなって分からなくなり、頭の整理もつかなくなります。

その反対が得意意識です。「スローフライトは何度やってもうまいですねー」なんて教官から言われたりすると、ますますやる気が出てイメージもしっかりとでき、「これでいいんだ」と思って固まりますから、鉄板の状態になります。当たり前ですが、そういう得意意識を持った科目は細かいところまで意識しなくても、自然と手が動き、体が反応してくれます。逆に苦手意識がある科目は、考えて煮詰まって、また分からなくなってということで、ともすれば完成から離れてしまいます。

さて、どうするか。アドバイスは「基本に帰れ」「教官に突き詰めて聞け」ということです。ここは、いったんダメな科目の記憶を消して、一からイメージを組み直すしかありません。その時、しつこいくらい、馬鹿な質問でもいいから、教官を捕まえて聞くことです。最初の訓練みたいに、教官に言われるがままにやってみる。ここまで積み上げてきたイメージを壊すのには勇気がいりますが、いいんです、壊しちゃって。一回は壊さないと抜け出せないと思います。でも、言っておきますが、いくら自分で壊したつもりでも、覚えたことはついつい出ますよ。なので、逆に安心して壊してください。決して全部が頭から消えるわけではありませんから。しかし、気持ちとしてゼロからにしないと、何らかの作業や手順の延長で修正しようとしても直りません。

私の場合、基本中の基本であるトラフィックの着陸コースがなかなか決まらなくて苦労しました。これまでTGLはほとんど八尾空港で訓練してきて、試験直前に神戸空港での訓練を始めたのが原因でした。しかし訓練の内容としては、ほんとに一番最初にやったやつです。こんなことではまずいと思いながら、時間が迫った中で最終調整をしていかなくてはなりません。そこで初期の訓練でやったように、操縦席から見てどのくらいの位置に滑走路が見えたら旋回を始めるか、教官に立ってもらって再度確認したりしました。「後方20度ってどこよ」と迷ったら、寒い中、教官に外に立ってもらって「はーい、ここですよー。ここに滑走路の端っこが来たら旋回ですよー！」な

パイパー・エアクラフト社の軽飛行機は、セスナと並ぶポピュラーな存在

んてやるわけです。その様子を見た訓練生は、私が飛行機をこれから始める人だと勘違いするくらい初心者向けの内容ですが、それをやりました。

この着陸コースは、風に応じて伸ばしたり縮めたりするものですから、試験当日の風によって変えて構わない、つまり絶対に距離を一定にしなくてはいけないものではありません。なので試験対策としては、長めに飛んでしまった場合、あるいは短くなってしまった場合に、そのことに気づくことと、同時になぜ長くまたは短くなったのか、はっきりと説明できればオーケーだと思います。風に逆らってまでファイナルレグの長さを無理やり調整するよりも、安全に降りる方が重要だとの判断からです。ちなみに、最終着陸態勢に入る時の高度や速度は、機体によっても違ってきます。セスナは900フィートで60ノットくらいの進入ですが、パイパーだと1000

フィートで85ノットが適当というように、飛行機の性能で変わってきますので、試験科目として試験官や国が最初から決めた諸元がないのが実情です。

そして、問題はエアワークでした。前述したようにエアワークの訓練は少ない時間で前に進めたのですが、その反動だと思いますが、最後の諸元安定に大変苦労しました。ローワーク、スローフライト、ストール、そして基本的な計器による飛行という4科目があるのですが、特にローワークと基本的な計器による飛行については、最後まで冷や汗ものでした。諸元が安定しないんです。例えばローワークでは、ある地上の一点を中心に円を描いて飛ぶのですが、私はいまだに苦手意識があります。風が吹いてくる方に回転する時は、浅めにバンクを取らないと、機体は風に流されて中心点に近寄っていきます。逆に風を背にしてというか、中心点の向こうから風が吹く場合には、風に向けてより深くバンクを取る必要があります。外側に流されるのをこれで防ぐというわけです。これが、なかなかうまくいかない。もっと本能的に、中心点が機体の前の方に流れたらバンクを浅くし、後ろに流れたら深くするという操作をしなくてはいけないのですが、それが苦手というか、状況をついつい考えすぎてしまうのです。バンクの処理と同時に、高度も一定でなくてはなりません。この科目は、試験前の練習で「合格レベルですね」と言われたのは3回くらいしかなかったように思います。

あと、基本的な計器による飛行。これは、万が一視界がなくなった状態で、緊急的にレーダーで誘導を受けながら飛行場まで帰る訓練というか、それを模擬した科目なんですが、うまくありませんでした。それまで視界を頼りに飛んでいたところ、この科目に入ると、特殊なプラスチックのメガネのようなフードをつけて、外がまったく見えない状態にして、試験官をレーダー管制官に見立て、言われたように飛ぶのです。目で見て飛んでいた感覚を切り替えて、計器をにらみながらの飛行になりますが、この視点と頭の切り替えがうまくいかず、いつの間にか高度や方位を外してしまう状況が多くありました。これも「なんとなくオーケーかな」と思えるようになったのは、試験の直前、1週間前だったように思います。

私の反省点として、例えば試験の1カ月前などに、もっと余裕をもって本番さながらの実習訓練をやるべきだったと思います。教官は「みなさん試験の1週間前とか、ギリギリになってできるパターンが多いですから」と明るく励ましてくれましたが、内心は「こいつ、大丈夫か?」と心配していたと思います。普段は、私が嫌煙家なので、決してタバコのにおいをさせないように気を使ってくれていた教官が、その頃、つまり本番1週間前あたりで飛んだ時に、少しタバコのにおいをさせながら乗り込んできた時には、「すみません、心配かけて」と心の中で謝っていました。「タバコでも吸わないとやってらんないよー」というのが、この頃の教官の本音でしょう。実際、かなりご心配をかけたと思います。ごめんなさい。

一方、自分自身は、苦手意識のある科目を繰り返しやって、何とかいい感触に引き上げたいと、そればかりでした。いわゆるシラバスはとっくに終了していますから、もう教官も追加で教えることは何もありません。訓練の内容は自分で決めて飛んでいました。なので、ほとんどの時間をこのエアワークに費やし、帰りにTGLを3回くらいやるという繰り返しでした。それぞれの科目で合格レベルのフライトはかろうじてできるのですが、それが安定してできないというのが精神的に一番つらかったです。最後の方で教官から「意識として、高度は1フィートの誤差、速度は1ノットの誤差も許さない。そういう気概でやってください」と活が入りましたが、私の本音は「えー、今までそんなこと言わなかったじゃん。早く言ってよ」という感じでした。今思うと、最初から「誤差は許さない」とガチガチにやっていたら、もっと時間がかかったでしょうし、どこかでつまずく回数も多かったでしょうから、結果的にはこういう仕上げの方法でよかったのかもしれません。つまり、全体をじっくりまとめ上げてから、細かい諸元の微調整を行うという形ですね。しかし、できることなら、試験の日程が決まってからではなくて、もう少し早い時期、試験の申請をする直前くらいまでに、こういう正確性を追求する訓練に入り、1カ月くらいかけて仕上げに取り組みたかった感じがします。

結果的には、試験の前日でも、まだ「よし、もう完璧だ」というフライトにはなれないままでした。その日は教官のアドバイスで「疲れるからTGLを2〜3回やって終了にしましょう」ということになり、エアワークはやらずじまいでした。アニマル何とかサンではありませんが、こうなったら

「気合いだ！ 気合いだ！ 気合いだ！」という感じで、最終訓練を終了しました。エプロンに到着し、ベルトをほどきつつ、教官は「とにかく睡眠です。今日は早めに休んで、明日は朝7時半に来てください。当日のウェザーとか、早めに確認した方がいいでしょうから」と言うだけで、もう訓練の講評はなし。私もここまで来たら「そうだよな、考えても仕方がない。自分の実力を出すしかない」という心境でした。

翌日の天気予報は「やや曇りがち」というのが気になっていましたが、朝一番で確認しようということで、教官と別れました。夕方の神戸空港では、いつものように駐車場とターミナルビルの間を大勢の旅客が歩いています。明日は、試験終了と同時に合否が言い渡されることになっています。明日の夕方、どんな気分でこの景色を見るのだろうか？ ぼんやりと考えながらすべての訓練を終了して、家路につきました。

❸ 最後は睡眠

受験した人全員が口を揃えて言うのは「実技試験前夜の睡眠は大事」ということです。なぜなら、試験は丸一日かかるヘビーなものだからです。実際、私の場合、朝7時頃から始まり、終了したのは午後7時頃。たっぷり12時間、ぶっ続けで緊張の連続です。その間、昼食の時間は15分程度。「国家試験でそれはないだろ。試験官だって公務員だから休みは取るだろう」と言っているあなた、全然違います。試験官も15分か20分で食事を済ませて、すぐに受験生のところに戻ってきます。そうして受験生が次の飛行の準備をしているのを黙ってじっと観察しています。そういう状況が12時間続くので、十分な睡眠を取っていないと、たぶん途中で弱音を吐きたくなるでしょうね。特に年齢のいった人は、体力を知力で補っているようなところがありますから、20代の人のように「えいや！」で頑張るにも限界があるでしょう。若い受験生で「少し睡眠不足で……」という人もいましたが、最後は朦朧としてマラソンを走っているみたいだったと言っていました。そういうことから、とにかく前の晩はよく眠ってから試験に臨んでください。

実技試験を1日で終わらせるのではなく、2日に分けるという方法もあります。これは受験生が判断して申請時に希望を伝えるわけですが、ほとんどの訓練校では1日で終了する方を選ぶのではないでしょうか。1日と2日で試験としてやることは全く同じです。なので、口述試験に自

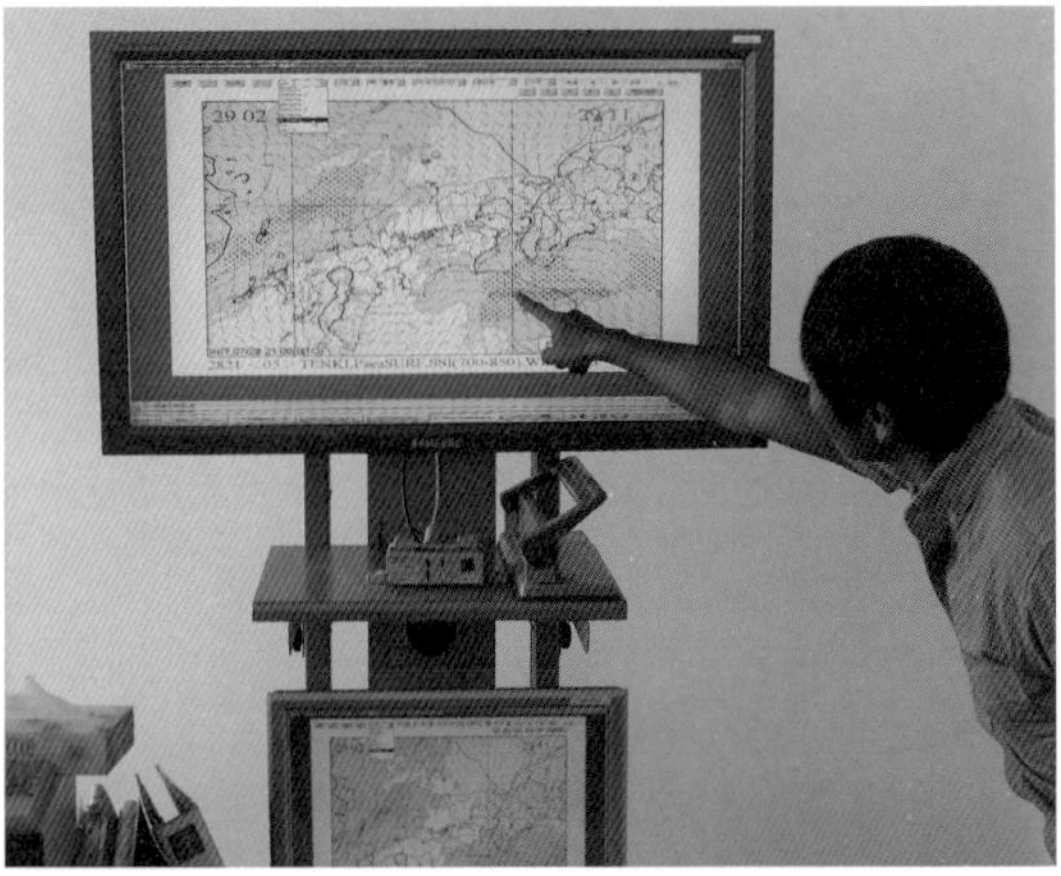

飛行前の気象ブリーフィングは、訓練に限らず、飛ぶためには必須の作業

信がないとか、ログをゆっくり作りたいとか、そういう気持ちがあれば2日を希望してもいいでしょう。体力が持つかどうかで判断してもいいと思います。ただし、2日にすると不利なことがいくつかあります。まず、1日なら、午前中にエアワークで出た時の風の感覚を、大きく天候が変わらない限り、そのまま午後の野外飛行にも生かせること。2日だと、翌日また違う気象条件での飛行になり、当然、朝の飛行前の気象ブリーフィングは二度やらなくてはなりません。そして「よく睡眠を取らなきゃ」という夜を2回過ごさなければならない点もあります。初日の夜は、おそらく緊張と疲れでよく眠れるとは思いますが、いろいろと試験のことを考えながら就寝することになるので、やはり負担は増えるのではないでしょうか。

というわけで、私は1日での受験をお勧めします。そして1日受験の場合の注意点は、迅速な行動が求められるということです。例えば口述試験に2時間かかった場合には、おそらくその日のうちにすべてを終えるのは不可能になるでしょう。試験官の方から「明日も予定を入れましょう」と言われるかもしれませんし、もう一度翌月に試験日を入れることになるかもしれません。そうそう、お話ししていませんでしたが、試験の進め方と合格発表の仕方について説明しておきましょう。

試験は、口述、エアワーク実技、野外飛行実技の順番で行われます。そして、いずれかの試験で不合格と判断された場合、試験はその段階で終了になります。もし口述試験で不合格になれば、その先の実技に進むことができません。また実技の途中で不合格になった場合には、試験官から修正すべき点を指摘されて、例えば3カ月後に再試験ということもあるようです。その間に直すべきところを直し、再度、実技試験の申請を行うわけです。よほどパイロットに向かないと判断される場合を除くと、当日不合格でもう終わり！ということはなく、修正点の指摘を受けての再試験が主流のようです。この再試験まで入れれば、実技試験の合格率は学校によって差はありますが、80パーセント以上あるのではないかと思います。逆に言うと、それだけ技能や適性が仕上がっていないと受験できないということです。この試験に関しては一夜漬けはあり得ませんから、やはり性格の適性をより合格ラインに近づけていくことが必要でしょう。

話を試験前夜に戻しましょう。私は、今でもフライト前日は一切お酒を飲まないようにしていますが、この試験日前日も、飲酒はやめた方がいいと思います。いわゆる二日酔いが残るようでは合格なんてとんでもありませんし、何より危険です。お酒を入れないと寝られない人は、まずそこから改善しなくてはなりません。お酒に強いと自負している若い人でも、やはりここは我慢すべきでしょう。判断力や感性に影響することもありますから、自己判断といいますか、すでにエアマンシップを問われる部分です。あと薬の服用も避けてください。これは訓練で学ぶことであり、合格後にも当てはまることですが、風邪薬などを服用してから、その効果のある時間の倍以上を空けることが求められます。例えば12時間効能が持続するといわれている風邪薬を飲んだとしたら、服用してから24時間以上経過した後でないと飛べません。

こういうことから、試験日の前夜は、やはり体調管理、そして睡眠ということになります。私は、早めの夕食を取って9時頃にはベッドに入っていました。考えると眠れなくなりますが、1時間もすれば自然と寝られると思います。途中、夜中に起きてしまいましたが、再度目を閉じて何とか2回目も眠ることができました。逆に夕方しっかり活動して、疲れて眠れるように調整する手もあると思います。そこのところは個人の判断でしょうか。いろいろなパターンを前日までにやってみて、一番よく眠れる方法を探る手もあります。訓練で2～3時間飛んだ日の夜はぐっすり眠れますから、前日積極的に飛んでみるのも一つの睡眠対策だと思います。さて、そうやっていよいよ試験当日を迎えます。

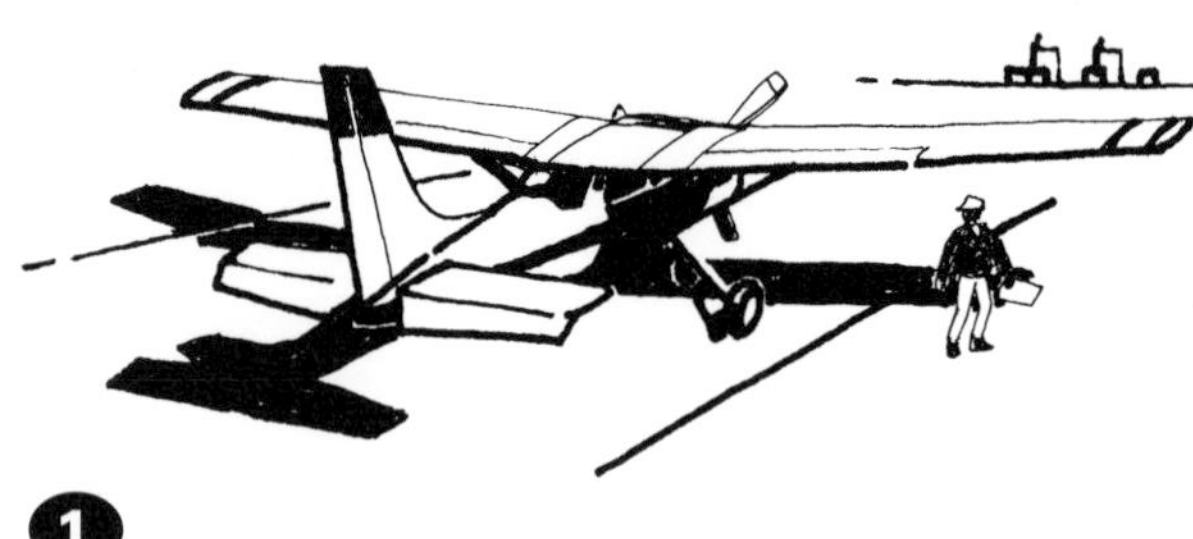

第9章 実技試験当日

❶ 開かなかった自動ドア

11月6日の実技試験当日、試験官は朝8時半に試験会場である神戸空港に来る予定になっていました。一方、教官と最後の打ち合わせと当日の気象状況を確認しようと思えば、試験官が来る前に済まさなければなりません。なので、7時半から8時までには空港に入る必要があります。自宅から空港まで45分程度かかるので、その日は朝6時半過ぎに家を出ました。すると時間が早いために渋滞がなく、7時過ぎには空港脇の飛行学校に到着してしまいました。緊張しながら、忘れ物がないようカバンの中身を確認しつつ、学校の自動ドアにたどり着きましたが、ドアが開きません。故障かと思って何度も後ろに下がって入り直したのですが、全く反応なし。確か教官は7時頃には来ているはずなのに……と思って寒空の中、事務所棟を見上げると、2階フロアに薄く明かりが灯っているのが見えました。でも建物の中には入れないのです。長い一日を覚悟して気を張り詰めていた中で、最初に先制パンチを浴びたようでした。早くも自分の体に疲労がたまっていく感じです。「今日はずっとこの調子なんだろうな。思い通りにならないことも多いんだろうな」とため息も出てしまいます。早朝の冷えた空気の中、ぽつんと一人でドアが開くのを待つのは何ともさみしい風景でした。

そうしてしばらく経った頃、やっと一人の職員が現れ、ドアを開けてくれました。まだ暖房の入らない薄暗いロビーに入った時には、時計の針が7時30分を指していました。7時半に来ると伝えてあったので、職員はそれに合わせて出勤してくれたのでしょう。勝手に早く来て、一人で寂しい思いをしていましたが、「そうか、そういうことか」と納得しつつ、先に来ているであろう教官がいる2階の教室に上りました。

そこは教官が準備してくれていたのか、温かい空調も効き、部屋の入り口には仰々しく「試験会場」と書かれた紙が張ってあります。通用口から入った教官は、玄関の自動ドアのことには気が回らなかったようです。張り紙のある部屋に入ると、そこはいつもの教室ではなく、会議机をコの字型に並べ替えて、明かりがいっぱいに点された立派な会場になっていました。「いよいよ始まるんだなー」という実感と、いろんな人の支えがあっての試験なんだということを肌で感じます。どの机も2脚以上の椅子が置いてあるのに、一つだけ、1脚の椅子が「ここに座れ」と言わんばかりに真ん中に置かれています。ぽつんと机の中央に置かれたその椅子が、これからの試験はすべて私一人でこなしていかなくてはならないことを悟らせてくれます。

その後ろに置かれたパイプ椅子にカバンを置いたところで、いつものようにソフトな感じの教官が入ってきました。「今日の天候はオーケーですね」。受験生を緊張させまいとしているのか、リラックスした調子で笑いかけてくれます。手にはこれから私が解読しなくてはならない何種類かの天気図がありました。教官は朝早くから準備して、こうした天気図や衛星画像など必要な資料を一式、A3くらいの用紙にコピーして持って来てくれています。ちょっとしたカンニングのような気分でしたが、受け取りながら簡単に意見を交換し、今日の天気概況についての認識を深めていきます。天候の確認は安全のため必要である以上に、法律で義務づけられた機長の責任です。なので、この時から試験は始まっているといえるでしょう。

実は私は、毎回飛行前にコーヒーをすする習慣があったので、この時も教室脇の自販機でコーヒーを買って飲みました。全部飲み干しはしないのですが、2口か3口、香りを口に含ませることで頭がフライトをイメージしてきます。そういうルーティーンの一つでした。ゴルフや野球でも、よくプロの選手がティーグラウンドやバッターボックスで決まった動作を行うことがありますが、あれと同じです。この時も、コーヒーを飲むルーティーンで正気を取り戻すというか、いつもの調子になったような気がします。開かなかった自動ドアの前でざわついていた気持ちが、落ち着きを取り戻していきます。ルーティーンは他にもありました。例えば、飛行前の点検を終えて操縦席に乗り込んだ時には、まずメモのボードを操縦桿に設置する、というようなことです。それをしないと何か大事なことを忘れたような気になりますし、逆にその動作が入ることで落ち着きというか安心感が生まれるように思えます。そういうのは訓練を通じて持っていてもいいと思います。

まずは教官の前で天候の解析です。地上天気図、高層天気図等を確認し、衛星画像の分析などに進む頃には、何とかこの日を乗り切れそうな実感がやっと湧いてきました。教官の何げない一言、「今日は雲の高さが高いので、試験大丈夫そうですね」と言われたのをヒントに、後ほど試験官の前で行うブリーフィングのイメージを固めていきます。この時の注意は、余計なことを言わない、というものでした。自分の知識をひけらかそうとして、あまり関係ないのに「気圧の谷に向かって風が吹き込みますから」なんてやってしまうと、試験官から「なぜそうなるんですか」とか、「高層天気図では違った方向に風が吹いてますよね」などと突っ込まれますので注意が必要です。必要な内容だけを厳選して、なおかつ、その日の天候を認識するのに十分な状況分析は行って、話の内容をしっかり詰めるというか、凝縮しておく必要があります。

知識は口述試験に答える場面を通じて見せていけばいいので、この段階でのお披露目はご法度です。実際、口述試験は二段階に分かれているといっていいでしょう。一つは、フライト前に各種の確認作業をやって見せる場面。もう一つは、試験官に聞かれた内容に回答する場面です。1日受験では、この2パートの口述を1時間くらいで終えなくては、次の実技審査がタイムオーバーになってしまいます。なので、てきぱきと出発前の確認を終え、それに絡めて出される質問に簡潔に答えていく必要があります。ぶつぶつと逃げの回答をしている暇はありません。直球で答え、分からなければ、前に書いたように「分かりません」と答える必要があります。そうやってメリハリのある回答をすることで、かえって自分の知識に対する自信というか、必要なことは分かっている点を試験官に評価してもらえると思います。

そうやって当日の気象状況についての分析を終え、出発前の確認に必要な資料をテーブルに並べて準備を終えた頃、試験官が到着するとの知らせを受けました。最寄りの駅まで学校の職員が迎えに行くのですが、その車がそろそろ到着するというわけです。試験官はスーツ姿で来るので、受験する方がノーネクタイでは失礼だろうということで、あわてて持参したネクタイをつけつつ階段を下りると、さっき開かなかった自動ドアの前に試験官を乗せた車が到着しました。新任の大臣を迎えるナントカ省のように、私、教官、それに学校の責任者らが出迎える中、れっきとした国家公務員専門職である教官が2人入場してきます。自分にかけられた責任をまた感じる一瞬でもありました。こうして長い一日が始まりました。

❷口述試験

試験官は通常1人でやって来ます。この日2人だったのは、もう1人はオブザーバーということで、何らかの試験官側の理由ですが、そのことは事前に知らされていました。一通りのあいさつを済ませると、試験官と教官は別室に向かいます。そこで何が話されたのか分かりませんが、想像するに、その日の天候、機体の状況、エアワーク空域の確保といった、教官も関わる準備作業の確認をしていたのだと思います。実技では、試験官2人と教官と私、合計4人が搭乗することになりますが、その席の場所なども話し合われたようです。

そうして5分か10分の打ち合わせをした後、試験官は学校の部長などと短いあいさつを交わしますが、その短い時間の間に、教官は2階の試験会場で待つ私のところへやって来て、試験の手順や搭乗する席の場所などについて教えてくれました。試験が始まると、常時試験官の監視の目にさらされるので、教官と2人で話ができるのはこれが最後になります。教官からは「大丈夫ですね。落ち着いて、決まったことを練習した通りに淡々と進めてください。間違ってもいいところを見せようとか、いつもと違う方法に走ってはいけません。絶対にそこで失敗しますから」と、これまでにも繰り返し注意を受けたことを、最後にもう一度くぎを刺されました。試験が始まると、教官からアドバイスを受けてはいけません。不合格の理由になりかねない行為で、筆記試験ならいわゆるカンニングとみなされるところでしょう。

教官は、この後もずっと試験に立ち会います。ただし、これは受験生の付き添いという意味ではなくて、試験官の監視といいますか、試験が公正に行われているかどうかを見ているのです。実技試験の申請にあたっては、教官が「この受験生は確かに自家用操縦士の技量があります」という宣言、保証を付けて申請します。なので、もし不合格ということになれば、その理由は明確でないといけません。試験官は、国家試験として細かく決められた基準に沿って判定裁量していきますので、そうした手順がきちんと踏まれているか、受験生に過度な負担を強いることがないか、といったことを教官がチェックしているのです。そのために教官は黙って試験の様子を見守っていますが、今書いたように、試験中に教官と受験生が言葉を交わすことはできません。

教官からほんとに最後の注意を受けていた時、試験官が学校職員に付き添われる形で入室してきました。厳かなといいますか、張り詰めた空気が私を包みましたが、それを緩めるかのように、試験官は自分のＩＤカードを示しつつ「今日、試験を担当します××です。よろしくお願いします」などと、微笑みながら話しかけてくれます。すると、自分は緊張していることを自覚しつつも、ここは試験官の表情や雰囲気に甘えて、まずはリラックスしようという気持ちになりました。試験を開始する前に「雑談としてですが」と前置きをしたうえで、私のように国内訓練だけで自家用機ライセンスを目指す人は少なく、極めてまれなケースであること。同じく、免許取得前に機体を購入し、自分の飛行機で受験するというのも珍しく、この試験官もほとんど経験がないケースであること、などの話がありました。また受験生の話題ばかりでは一方通行と感じたのか、試験官自身の簡単な経歴についても話がありました。雑談なので、対等な立場ですよという感じです。そうはいっても、こちらは要らぬことをしゃべってはならないという緊張感と、その後のスケジュールの時間がタイトであることを思って、なかなか会話にならなかったように思います。

そういう話をしながら、試験官は1人で正面の机に座り、教官とオブザーバーの試験官が左手横の席に並んで座りました。試験官と受験生が話し合いをしている場所に、仲裁に来た弁護士団のような感じになったわけです。机の上に試験のマニュアルらしきものを並べ終わると、一息ついて試験官が「それでは本日の試験を開始します」と宣言しました。確かその直前、録音機のようなものを持っていないか確認されたような気がします。「へー、そんなことをする余裕がある受験生もいるんだなー」と考えていたところ、急に、一挙に、試験の緊張に包まれたわけです。こうして口述試験が、意図せぬ瞬間に始まってしまいました。

試験開始の宣言の後、これまでの訓練時間、学科試験の合格状況の確認、受験資格の確認といった手続き的な質問に続いて、飛行のごく基本的なことを聞かれます。まずは小手先調べという感じです。思うに、試験官は教官からの説明や飛行ログの確認で、受験生の技量についてそれなりのイメージを持っているのでしょうが、ごく基本的なところから質問して、そのイメージを確認しているようでした。この中で私が引っかかったのが、「有視界飛行で、同じ高度で、真正面から他の飛行機が来たら、どのように回避しますか?」という質問でした。あまりにも当たり前すぎて、混乱したといいますか、試験官が何を聞こうとしているのかと考えて、答えに詰まってしまったのです。通常、正面からこちらに向かっている機体があれば、高度を変更して安全に交差できるようにして飛びますから、ここでもそう答えたら、「では、高度は変えないで回避するにはどうしますか?」と聞かれ、クイズ番組のとんちの効いた質問のように感じてしまいました。

とっさに考えたのは、ヨットやボートのことです。ヨットレースでは、いろいろなルールがありますが、最も優先度が高いのが「ポートタック(左舷側から風を受けている状態)の艇は、スターボードタック(右舷側から風を受けている状態)の艇を避けなければいけない」というもの。風上に向かっている状態であれば、ポートタックの艇は、スターボードタックの艇を避けるために、舵を右に切ってスターボード艇の船尾をかわす、というシーンが頭に浮かびます。ボート(動力船)の場合は「2隻が行き会いの関係にある時は、相手を右に見ている船が避けなければならない」というルールがあるので、もし針路を譲って相手船の後ろに入ろうとすると、こちらも舵を右に切らなくてはなりません。また「2隻が正面に向かい合う関係にある時は、お互いに右に針路を変えて避ける」というルールもあります。飛行機の教科書のどこにも「右に回避せよ」とは書いてありませんが、とりあえず「たぶん船と同じだろう」ということで、ごまかしながら「右に回避します」と答えたところで、次の質問に進みました。次に行くということは、その前の回答が合格レベルということですから、これで合っていたのだと思います。

でも、左右に回避するのは本当の最終手段で、交錯する他の飛行機の存在を知ったら、さっさと高度変更した方が安全だと今でも思っています。相手の飛行機も同じ周波数の無線を聞いていることが多いですか

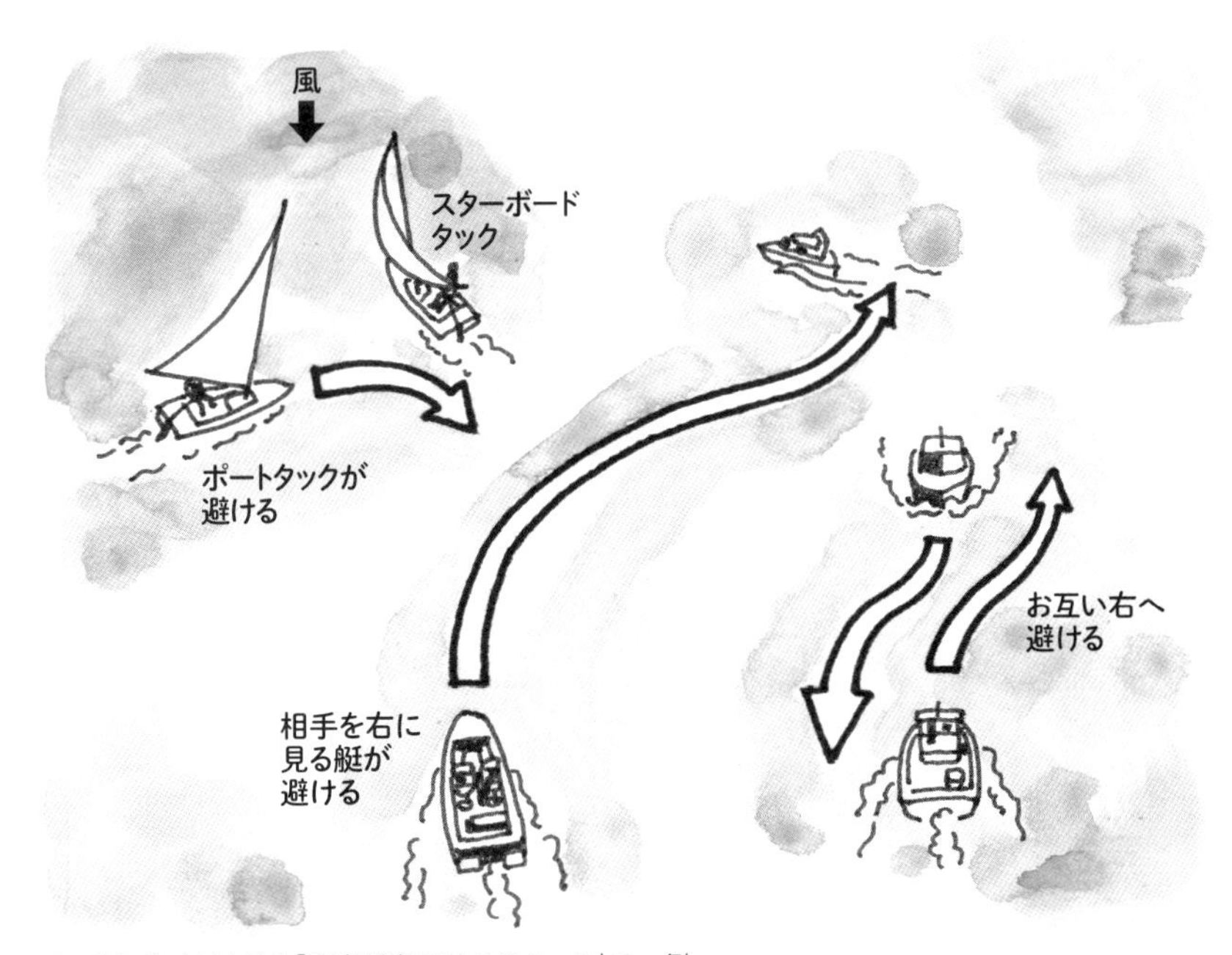

ヨットやボートにおける「衝突を避けるためのルール」の一例

ら、そんな時は相手に知らせる意味も含めて、早めに高度変更の意思を管制官に伝えるようにしています。そうすれば、相手もそのまま進むか、逆の高度に上げ下げするかして、回避する準備ができます。そういう回避行動しかイメージしていなかったため、左右の進路変更についての答えを出すまでに苦労しました。でも、とりあえずクリア。ほっとする間もなく、次の質問が飛んできます。

ここで大切なのは「前の回答や操縦が適切だったか否かについて、くよくよ悩むな。終わったことは即忘れて、次の課題に集中しろ」という心構えです。教官から何度も注意を受けていました。この口述試験の最初の方に出る、何でもない質問につまずく人は少ないと思います。でも、性格的にいろいろ考えてしまう私の場合は、ここで少しつまずいて、次に集中することができたのは、かえってよかったと思います。その後、どんな質問があったかはよく覚えていません。

一通りの基礎的な口述問題が終了すると、いよいよ今日のフライトの準備作業について、今度は受験生の方から説明することになります。例の気象状況とか、燃料、重心位置の確認などで、「出発前の確認」と呼ばれている作業です。法律で義務づけられているこの作業を試験官の前で行うわけです。「飛行機の耐空証明書は、有効期間何日までで、有効です」「本日の搭乗者は4名、各体重は何キロで、荷物はいくら、機体の重心位置は既定の範囲内で、大丈夫です」「気象状況は……」などと説明します。試験官に言うのではなく、自分がライセンスを取った後に機長の責任として行っていくように、自分で確認していくことが大事です。他の受験経験者から、ここで確認不足のまま進めて、例えば「航空情報、ＡＩＣについては大丈夫です」とやってしまって、試験官から「確認したＡＩＣの内容を説明してください」と突っ込まれて苦労した、と聞いていましたので、慎重に、確認した内容も簡単に話しつつ進めました。そのおかげか、この出発前の確認では、それほど苦労した質問はありませんでした。

そうそう、一つ覚えているのが「搭乗する人の体重を変更して、重心位置を再計算してください」というものです。重心位置の計算については、教官が作ってくれたスプレッドシートがあり、これに体重や荷物の重量、燃料の量などを入力すれば重心位置が出るものを使っていたので、それを見せて説明したのですが、「あなた、この計算ほんとに分かってるの？」という意味で、その場で手で計算させようというわけです。最初から全部を計算して重心位置を出す作業なら練習で何度もやっていたのですが、一部修正となると少し違ってきますので、苦労しました。３分くらいかけたように思いますが、計算している時、目の前の試験官も同じ計算を始めたので、何となくみんなで自習しているというか、アットホームな感じになりました。後日、教官から「あれはよかった。あれで雰囲気がよくなった」と言われました。でも試験官の電卓の音が止まった後は、「やべー、早くしなきゃ」と焦りが戻ってきます。答えを重心位置図に示し、「頼むよ、再計算とか言わないでよ」と試験官の表情を見ながら、ひやひやしたものでした。

そういう口述試験を約１時間、教室で行った後、「では、機体に行って、飛行準備に入ってください」と言われます。こうして口述をクリアしたわけですが、本番はこれからです。もうエアワークの不得意科目に意識がいくのを感じながら、教官、試験官らと一緒にカバンに荷物を詰め、教室を出ました。

❸首の皮一枚

最初の実技試験はエアワークです。それが、ひどかった。先に書いた通り、訓練の時も納得のいくレベルの飛行ができたのは各科目3回ずつくらいという苦手な課題です。この日の天候は曇り。エアワークを行う神戸空港からおよそ15マイル西の訓練空域は海上で、薄い霧が立ち込めたような状況。確か視程は8キロ程度だったように思います。言い訳ですが、外の景色、特に地上や海面が見えなければ、自分の機体が水平かどうかも、いちいち計器を見なくてはなりません。それと重量。これまでの訓練では教官と2人だけで、満タンに燃料を積んでも、4人搭乗した場合よりは軽い状況だったため、思うように高度、速度の維持ができませんでした。エンジンのパワーはマニホールドプレッシャー(MAPと呼んでいました。セスナで言う回転数と同じようなものです)で認識しており、「ここはMAPいくらで上昇して、水平に移ったらMAPいくらで安定する」というように覚えていたのですが、重量が違うと、やはりMAPも違うんですね。頭では分かっていいますが、つい訓練時のエンジン出力にしてしまうので、高度が落ちてしまいます。それを修正しようとMAPを上げると、上昇の勢いがつく頃には姿勢が気になって、水平を確認する。その作業をしている間も上昇のパワーが入っているので、そのままだと水平に移りたいところで機体はさらに上昇してしまい、高度が高くなってしまう。そういうことの繰り返しでした。重量が多少重くなっても、外を見て機体の姿勢維持ができる天候であれば、もう少し余裕も生まれたと思います。

試験では、そういう高度やスピードなどについて一定の幅が決められていて、例えば「高度は200フィート以上ずれてはいけない」「スピードは5ノット以内の誤差でなければいけない」などがあり、これが合否の判断につながります。この時は、ギリギリを行ったり来たりで、規定値をオーバーすることも何度かあったと思います。というか、ありました。しかし、その逸脱を認識して、早い段階で修正を試みることができれば問題はありません。

言い訳ばかりになりますが、私が受験に使った「パイパー・アロー」という機体は、ランディングギア(車輪)を引き込むタイプで、ギアを出しっぱなしのセスナと比べると、どうしてもスピードが出る構造になっています。実際、着陸のスピードも、最終接地点でセスナは55から60ノットですが、パイパーは85から90ノットと1・5倍くらいの速さで滑走路に突っ込んでいきます。その分、横風などに対する対抗力はありますが、機体自体はとにかく「重い」感じの飛行機です。セスナが機動力のあるマウンテンバイクなら、パイパーは重い感じのビッグスクーターといえるでしょうか。4

人が搭乗した試験では、その重量感がさらに増したわけです。例えば着陸で、パワーを入れ気味というか、強くしないと思った行動をしてくれないのですが、入れたままだと着地後、既定の位置で止まれずオーバーランしてしまうイメージです。とにかく、最後までパワー調整が「いつもと違うな」と感じながら終わってしまった、慣れないうちに終わったという感じです。

本書のところどころで述べているように、免許を取る前に自分の飛行機を買い、その機体で飛行訓練をすると、いろいろなメリットがあります。例えば、訓練費が安く済む、機体を借りるよりたくさん飛べる、その結果、早く免許が取得できる、合格したらすぐに一人で飛べる（合格の後で新たに購入した機体に習熟するための追加的な訓練がいらない）などなど。しかし私の実技試験では、パイパーという機種のせいで、逆にデメリットが出てしまったように思います。最後まで、機体の重さには違和感を感じたままでした。しかしセスナでも、自分の時に限って試験官が2人来るなど、同じようなことは起こりえますね。対策としては、誰か訓練仲間に頼んで、教官、自分、試験官の代わりの訓練仲間1人、合計3人で、既定のエアワークを1回はやってみるといいでしょう。訓練はいつも2人ですが、試験は最低3人搭乗ですから。オブザーバーの教官がもう1人来る場合は事前に教えてもらえるので、もしそうなったら、もう1人仲間を呼んで、実際の試験同様、4人搭乗の状態で最低一度は試験科目を練習しておくことをお勧めします。そういう準備を怠った自分を責めながら、「くそー、パワー入り過ぎ」「あ、降下してる」……そういうことをずっと繰り返した実技試験でした。

試験官が「よく見てるなー」と思ったのは、その日試験が終了して最後の講評の場面で、まず最初に「軽いバーディゴ（空間識失調。平衡感覚を喪失した状態）に入ることが多いように思う。訓練でも無駄なエルロンを入れると注意されたことはないですか？」と言われたことです。まさに、ご指摘の通り。よく教官から「無駄で不必要なエルロンをちょこちょこ入れる癖があって、乗り心地が悪い」という指摘を受けていました。この癖については、すでに書きましたね、今でも注意しないと出てしまうと。それを見抜かれた感じでした。この日の気象状況やパワー操作の多さで、その癖が全開になったのではないかと思います。そういう変な癖は、絶対に早いうちに修正した方がいいですね。後で直そうとしても、頭では分かってはいるけれど……の繰り返しになってしまうと思います。

エアワークは、何とか終えたという感じです。とりあえず試験官は中止を宣言しないので、試験は続行、そのまま決められた科目をこなします。この間、4人も乗っているのに、機内では誰も発言しません。しーんとした中、飛行機を操らなくてはいけません。試験前に教官から「黙っているのはいい兆候で、指摘や質問があったら、何かやらかしたと思ってください」と言われていなければ、不安で押しつぶされるところでした。

一度、試験官が口を開いたのは、基本的な計器による飛行を行っている時に、異常姿勢からの回復操作、上昇姿勢からの回復のところで、本来ならパワーを入れなくてはならないのに、パワーダウンしてしまった時でした。上昇姿勢がいつもより緩やかだったため（たぶん重量のせい）、その日は高度維持に苦労して、高すぎればパワーダウンという癖がついていたことから、つい引いてしまったのです。いきなり「計器による上昇降下の確認はどうやって行いますか？」と聞かれました。「姿勢指示器で上昇しているように見えても、つまり姿勢は頭を持ち上げた上昇姿勢でも、バーティカル計（高度変化計）で下がっている場合には、降下として判断する」というような返答をしたと思います。それが納得いくものだったのか、その答えの後は、また無言飛行が続きます。つまり、手順とは違ったけれど、その操縦の判断の根拠は理解していたので、合格レベルと見てもらったのではないかと思います。

エアワークの最後は着陸です。まずは3種類のランディングをします。高い高度から急激に高度を下げて着陸する、フラップを使わないで着陸する、そしてタッチ・アンド・ゴーアラウンドです。いずれも、実際に「あるある」な状況です。ソロフライトで高松空港に行った時、高過ぎるパスで進入していたところ、管制塔から「ショートファイナルで進入せよ」と言われた時に、この機体を傾けて急激に高度を下げる操縦をしました。後ろから定期便などが迫っている場合に、こういうパターンがあります。高度が通常通りなら普通のターンを早めにすればいいだけですが、新米で、高度処理が遅れて「ちょっと高いなー」と思っていたところに、「急いで入ってね」と言われたわけです。

ゴーアラウンドも、いやな風に吹かれた時や、自分で変な操作をして危険な状況になりそうな時には、絶対に必要な手段です。教官に言わせれば、多少風があっても「ゴーアラウンドさえできれば、何回かやってるうちに、一人でも降りられるでしょ」という感じです。それほど重要な手段だということですね。それを、教官と試験官を2人乗せたままやるわけです。これらは、だいたい思ったようにできたのですが、そこで安心したのが運の尽き、最後のショートフィールドランディングが冷や汗ものでした。

これは、短い滑走路に着陸する操縦を、長い滑走路の一部を使って模擬で行うものです。この時の私の操縦は、パスは低いわ、スピードは落としていないわで、何とも恥ずか

飛行機の操縦の中で最も緊張度が高まるのが「着陸」だ

しい出来でした。最後は自分で決めていた地点の手前で何とか停止できたと思いましたが、その直前までひやひやものでした。手順がノーマルのランディングに近過ぎたのです。これも、試験終了時の講評で試験官に指摘されました。「あのショートフィールドは何ですか?」と。この時は言い訳のしようもなく、「はい、パスも低く、ノーマルに近い感じで、申し訳ありませんでした」と謝るのみです。「分かってるんですね。ならば、これから実際にショートフィールドに降りることもあると思いますので、注意してください」と指導され、連続して「では、何フィートあれば、この機体は安全に着陸できるんですか?」という質問になってきました。ここのところの緊張したやり取りは、また後でお話しするとして、エアワークの最後、着陸は「3勝1敗」状態で終了しました。

飛行を終え、エプロンに着いて停止した後、受験生の「どうぞ降りてください」という指示を待って、試験官や教官が機体を出ます。このフライトの機長は受験生ですから、機長指示がなければ搭乗者は降りられないというわけです。これを忘れて、みんなでしーんと止まった機内に座っていた……なんていう話を、嘘か本当か分かりませんが聞いたことがあったので、忘れずに進めることができました。でも2時間くらいの緊張したフライトが終了し、エンジンが停止してホッとした状況では、あり得ることだと思います。

試練は、その後にやってきました。試験官は「お疲れさまです」と迎えに出た学校の関係者に連れられ、建物に向かいます。教官も、若干の目配せとかあったと思いますが、試験官の後を追いかけます。監視の目から解放された受験生は一息つけますが、次の野外飛行の準備があるので、ゆっくりもしていられません。周りにいる整備士さんたちがケアしてくれますが、そういう声も耳に入ってこない状態のまま、朝の受験会場になっている教室に向かいます。みんな「ご苦労さん」とは言いますが、「どうだった?」とか、そういうことはまだ聞かれなかったように思います。頭を次の野外飛行のナビゲーションに切り替えるために、地図や計算尺などの小道具を出して整理していると、教官が飛び込んできました。焦ったような勢い込んだ感じで、顔はこわばっています。瞬間、悪い知らせと悟りましたが、固まって言葉を待つしかありません。出た言葉は「首の皮一枚です」というもの。これ以上の失敗は許されない、ということです。

試験中のアドバイスはカンニングになるからできないと前置きしつつも、「とにかく訓練でやった通りやってくれ」と言われました。そう言われて、「ああ、訓練の時と違うことをしてるんだなー」とぼんやり考えていると、こちらから何か言う時間もなく、教室に試験官が入ってきました。試験官は着席する時間もないような感じで、「汗をかいてますね。そのままでは風邪をひきますから、下着を替えてください」という指示。替えの下着は持って来ていないと言っても、とにかく着替えた方がいいと言うのです。何となく、受験生を外して教官と話をしたいのだなと感じたので、濡れた下着だけ脱いでくることにして別室に移動しました。教官から「首の皮一枚」という言葉を聞いていましたから、「試験を継続するかどうかについての話もあるんだろうか」などと考えながら、着替えをしました。暖房が入っていない別室は、まるでその時の私の気持ちのように寒々としていて、「こんなところで着替える方が、よっぽど風邪をひくリスクがあるよな」と心の中で叫んでいました。

教官と試験官との間で何が話し合われたのか、全く分かりません。想像ですが、各エアワークの科目ごとの手順がセスナとは相当異なっていたので、教官に「パイパーでは、どういう諸元で飛ぶように教えたのか」そういう技術的なところを確認していたのではないでしょうか。飛行のセンスは、人によって違うこともあります。試験官からしたら、スローフライトのスピードが速いと感じたかもしれませんが、重い機体では当然失速速度も速くなるので、セスナと同じゆっくりとした動きはできません。そういうことを意見交換していたのではないかと思います。

暖かい試験会場に戻ると、試験官の前に書類が広げられていたので、「試験は続行かな?」と思いつつ席に着きました。もし不合格なら、この段階でアウト。帰る用意でもしているかもしれないと思っていたので、少し安心したわけです。が、これは大きな勘違いで、後で教官から「ほんとに首の皮一枚という状況だった。試験官の前に書類があっても、それは不合格の理由を講評するのに必要なものだし、そんなの当てにはならないよ」と教えられました。私が席に着くと、試験官は「では、ナビゲーションに移ります。食事はどのくらいで終わりますか?」と聞きました。「1時間くらいお願いしたいと思います」という答えに、試験官はすこぶる困ったという顔で「1時間ですか。私たちは20分もあれば終えられますが……」と言います。ここでも、私の勘違いがありました。

教官から「受験生には食事の時間もありません。サンドイッチでも買っておいて、それを食べながらナビゲーションの準備ですよ」と聞いていたので、食事を含むナビゲーションの準備に必要な時間を聞かれたと思っていたのですが、試験官は純粋に食べる時間だけを聞いたのです。「ナブの準備は私たちも立ち会いますので、食事が終わってからでいいです」と言われ、結局、昼休みの時間は30分に決まりました。それではというわけで、試験官ら3人は1階に降りて行きました。

またしても一人取り残されて、ほっと一息。コーヒーを買って、朝買ってきたサンドイッチを頬張ることにしました。「準備は自分の前でしてください」と試験官に言われたので、ナビゲーション用の機材に手をつける気にもならず、ほんとにボーッとした時間でした。とりあえず、ここまでは合格と安堵する一方、あのパワーを引いたこととか、不満足なショートフィールドランディングとか、心の中には酸っぱい記憶が湧き上がってきます。あんまり食べると眠くなりますし、飲み過ぎて長い野外飛行で用を足したくなっても困ります。必要最低限の食事と水分補給を終え、15分くらい何もせずに待つことになりました。とりあえず目を閉じるなどして平常心を心がけましたが、本来なら、次の出発前の確認とか、ナブに出た時の操作手順とか、やるべきことを頭でイメージすべきでしょうね。それをしなかったために、この後も戸惑いながら進むことになります。つながった首の皮が一枚だというのに、バタバタが継続してしまいます。みなさんには、そういうことがないよう、どうか頭を切り替えていただくようお願いします。

❹ 絶対に出る、日頃の考え

午後の試験、野外飛行のナビゲーションは、試験官からお題をもらうことから始まります。飛行ルートを指定されるのです。具体的には「神戸空港を出発して、たつの、小豆島を経由。高松空港でTGLの後、小豆島、洲本、福知山を経由して神戸空港に戻る」というルートでした。大まかなルート指定があった後、それぞれの都市や島で、よりピンポイントにどこをウェイポイントにするか聞かれました。この段階ではもう試験に入っていて、地上目標として実際に視認できる、はっきりとした目標物を指定しなくてはなりません。小豆島などは比較的簡単で、「何とか岬の先端を目標にします」などとすぐに決まりますが、たつの、洲本、福知山といった市街地だと迷うところです。が、これも訓練でやってきた通り、高速道路のインターチェンジや駅など、分かりやすいポイントを指定すればいいのです。駅などは上空からだと見つけにくいですが、駅単独ではなく、わりと見分けやすい鉄道の線路のカーブとの関係で見つけやすいところを探して指定します。線路の他に、山や川も使えます。こうしてウェイポイントが決まったら、実際に航空地図に線を引き、飛行経路を記入していきます。

そうやってナビゲーションログ（航空計画書）を作っていきますが、その間も試験官と教官の監視の中で作業をするので、内容をきちんと理解しながらやらないと、途中でつまずくと思います。

訓練の時にやった手順通りに、一つずつ丁寧にこなすことが大事です。私の場合、性格として物事の全体像をイメージする傾向が強く、その結果、個々の作業は行ったり来たりすることがありました。はたで見ていたら無駄な動きに感じるはずですから、この時はなるべく一つ一つを確定させて、「はい、航空路はオーケー」「風成分はこれで決まり」などと決定するように、意識して進めました。性格のことなんて、飛行途中に考える余裕はありませんでしたが、このログ作成過程では思い出していました。

朝の機体重心位置の再計算と同様、ログ作成時にも、試験官は静かに地図を見て、メモを取っていました。そういう共同作業的な時間は、試験官と受験生が向き合うのとは異なり、どこか安心できる時間です。「プロでも同じことをするんだなあ」と思うと、少しだけ余裕が感じられるのです。ところで、いつも思うのですが、このログというのは一つの目安であって、実際には計算した通りの風なんて絶対に吹きません。それ

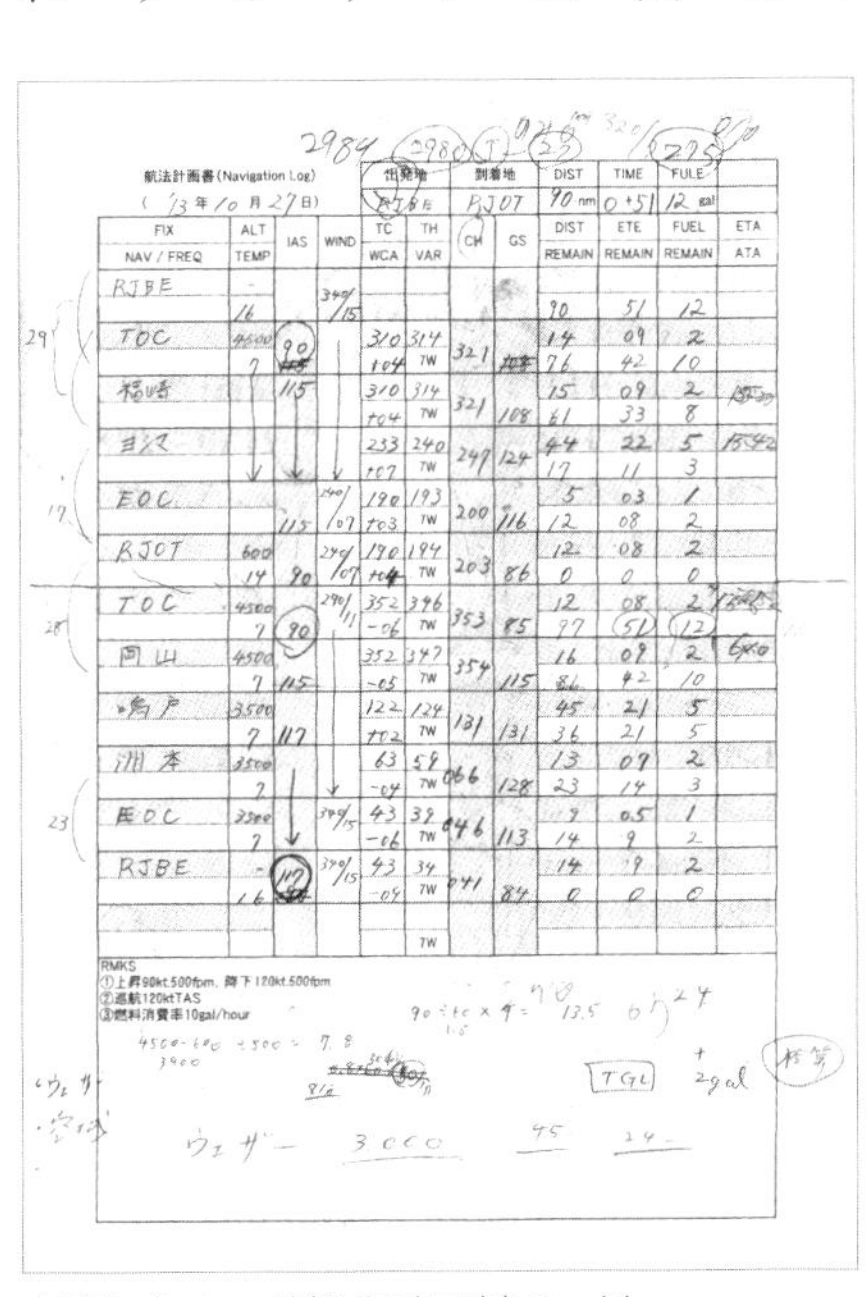

航法計画書（Navigation Log）
（'13年10月27日）

出発地	到着地	DIST	TIME	FULE
RJBE	RJOT	90 nm	0+51	12 gal

FIX / NAV / FREQ	ALT / TEMP	IAS	WIND	TC / WCA	TH / VAR	CH	GS	DIST / REMAIN	ETE / REMAIN	FUEL / REMAIN	ETA / ATA
RJBE	-		340/15								
	16							90	51	12	
TOC	4500	90		310	314	321		14	09	2	
	7			+04	TW			76	42	10	
福崎		115		310	314	321		15	09	2	[illegible]
				+04	TW		108	61	33	8	
ヨシマ				233	240	249	124	44	22	5	1542
				+07	TW			17	11	3	
EOC			240/07	190	193	200		5	03	1	
		115		+03	TW		116	12	08	2	
RJOT	600		240/07	190	194	203		12	08	2	
	14	90		+04	TW		86	0	0	0	
TOC	4500		240/11	352	346	353		12	08	2	[illegible]
	7	90		-06	TW		85	97	51	12	
岡山	4500			352	347	354		16	09	2	[illegible]
	7	115		-05	TW		115	86	42	10	
鳴戸	3500			122	124	131		45	21	5	
	7	117		+02	TW		131	36	21	5	
洲本	3500			63	54	066		13	09	2	
	7			-04	TW		128	23	14	3	
EOC	3500		340/15	43	39	046		9	05	1	
	7			-06	TW		113	14	9	2	
RJBE	-	117	340/15	43	34	041		14	9	2	
	16			-04	TW		84	0	0	0	
					TW						

RMKS
①上昇90kt.500fpm、降下120kt.500fpm
②巡航120ktTAS
③燃料消費率10gal/hour

TGL
+2gal
ウェザー 3000 45 24

ナビゲーションログ（航空計画書）の一例

にＧＰＳやＶＯＲがあるのに、推測航法――自分の位置を計算で割り出した地図上の点と定め、きちんとそこを飛んでいるという前提で飛ぶのは、現実的ではないような気がします。実際、この時も、高度４５００フィートで高松方面に向かい、５５００で帰ってくる計画でしたが、その高度の風が結構強くて（確か15ノットの南風だったように思います）、その条件に基づいてログを作成しました。しかし、飛ぶ直前に気象レーダーを確認すると、３５００フィート以上は雲が垂れ込めたような状態で、神戸を離陸する時には、機長として雲の下を行く、つまり高度３０００フィート以下で行く決心をしていましたから、試験会場で作成したログは全く役に立ちませんでした。有視界飛行の試験ですので、雲の中に突っ込んで前方が真っ白になったら、その瞬間、不合格間違いなしです。そんなリスクを冒してまでログを守るなど、冗談もいいところのように思えたのです。

このように、私はログをほとんど信頼していないのですが、この深層心理というか、本音の部分も、最後の講評で試験官から指摘されました。「もう少し、ログや時間管理を精密にするように」と言われたのです。地上に近いところを飛んだ場合も想定して、風を地上と上空５０００フィートの平均値で出すくらいのことはすべきだったと思います。前にも書きましたが、２０１３年４月から「測風」という試験科目がなくなったことは、私にとって朗報でした。この話を聞いた時にも、「そうだよな、今時、計算尺で風を出さなくても機械に出てるし」となめた考えをしていましたが、そういう態度というか本音が、試験でも出てしまったということです。そして恐ろしいと思ったのは、そういう本音を試験官からピタリと指摘されたことです。もう「参りました」としか言いようがありません。一度のフライトで、自分の資質、癖、性格だけでなく、内心までのぞかれたような気がします。

そういえば、初めて軽飛行機に乗るという友人夫妻を乗せて飛んだ時も、「あの高いビルとの間隔の取り方には、君の性格が出ていた」と言われました。いったいどういう性格なのか、詳しくは聞きませんでしたが、初めてのパッセンジャーを乗せて、急な高度変更や旋回はできるだけ控えて飛んでいたので、たぶん「ゆっくり、のんびりと、障害をジワーッと避ける感じ」が、あわてているのにその動揺を見せまいとする性格というか、ええかっこしいのところにダブったのではないかと思います。一度、他の人が操縦する軽飛行機に乗って、そういう場面に出合ってみたいものです。

話を戻しましょう。飛行経路の確定、その所要時間の計算などをして、ログを試験官に提示します。試験官は、いくつかのポイントの数字を確認して、オーケーになると、そのログをコピーしてもらいます。というか、コピーされちゃいます。そして試験官、教官の全員がそれを持って乗り込むのですが、もしログに変更があれば、機長として宣言しなければいけません。ログと違うところを違う時間に通過しているのに、何も言わなければ、「こいつは気がつかないのかな?」ということで、減点になります。先述したような理由で、もう神戸を出た瞬間、すぐに違う高度を飛ぶ決心をしていたので、とりあえず上昇通過点は予定通り通過して、3000になったら「雲のため、この高度で飛行します」と言うつもりでした。そして問題は、ポイントの発見と密接にかかわる到着予定時間の計算です。高度４５００フィートで飛ぶ予定だったログでは、たつの市を見つけるのが神戸離陸後26分の計算でしたが、これは南の風が15ノットという条件です。その風が、３０００フィートのところでは逆に北からだったように記憶していますが、そうするとやや遅くなり、30分くらいかかってしまいます。その計算をしておかないと、ポイントの確認ができずに混乱してしまいます。私もそこでミスを冒して、後で教官から厳しく注意を受けることになります。

野外飛行で最悪なのは雲の中に入ることですが、それと同じくらい危険なのは、自機の位置が自分で分からなくなること、ロストポジション、ロスポジです。本当にアウトになったら、無線で近くの空港や管制レーダーを呼んで、方向や高度についてレーダーで見てもらいながら、空港もしくは分かるところまで導いてもらうわけですが、これはもう周りに大迷惑で、緊急操作になりますから、そうならないよう努めなくてはなりません。ただ、訓練や試験で、本当にロスポジしてレーダーによる誘導を要求することはないでしょうね。なぜなら、そもそもそんなに遠くには行きませんから。どこかの電波灯台か空港の信号をキャッチできれば、位置はすぐに分かります。なので、完全なロスポジはあり得ないのですが、試験で出されたお題である目標地点が見つからない、という状況はあり得ます。私がそうでした。

ログでは南風、実際に飛んだ時は北風で、風の方向が真逆でしたが、向かい風あるいは追い風ではなかったので、飛行機の対地速度自体はあまり変わらず予定通りの時間の読みで行くことにしました。ほとんど真横の風なので、速度に対する影響は最小限と踏んだわけです。ところが、次のポイントとして確認しなければならない「たつのインターチェンジ」が分からない。もう5分で着くはずなのに、正面のどこにあるのか分からない。悩んでいるうちに時間が来てしまったので、それらしい高速道路の施設を見つけて、近くの川の形状から類推し、「オーバーたつの」と宣言しました。間違いでした。後で冷静に考えると、ログと実際とでは横からの風の向きが反対ということは、倍、流される（南風で北に流されることを想定して、南寄りにコースを補正しているところに、実際には北風なので、さらに南に流される）ので、目標はずっと右側にずれていることに気がつきませんでした。「風、反対だけど、ほとんどアビーム（真横からの風）。ヨットなら帆の張り方が反対になるだけで、進む方向も速度も同じじゃん」と思ったのが間違いのもとでした。

そもそも、たつのインターチェンジは、試験当日、機長として宣言した目標地点ではなかったような気がしています。しかし試験官から求められれば通過しないわけにはいきませんし、そこで混乱したのかもしれません。後で教官も「あのあたりは、やばかった」と言っていました。最善を尽くそうとして分かった地点、それは姫路市でしたが、「姫路の何度イースト何マイル」という地点を言って、そこから位置を割り出そうとしました。これがいつも訓練でやっている方法ではなかったので、大目玉でした。このあたりは、やはり今でも恥ずかしいというか、酸っぱい思い出として胸に残っています。そして、自分の中での再発防止策とでもいうのでしょうか、二度とああいう思いはしたくないと、今はせっかち過ぎるくらい地面の目標を追うようにしています。

ロスポジって、怖いですよ。何分か飛行して、はっと出た地点の海岸線が思っていたのと違っていたら、「どこどこ？ここは？」ではすみません。その迷ってる間も、進んでしまうわけですから。そこに無線で、近くに他機が飛んでいるとか、同じ高度とか言われた日には、パニック寸前です。とりあえず高度を冷静に上げるか降ろしておかないと、見張りをしながら地図の確認なんてできません。そこが瀬戸内海などであれば、島の形などで確認できます。一個ミスっても、次の島がありますから、短い時間で何とかなります。しかし南紀白浜空港に行く途中の三重県の山の中なんか、慣れていないと「ここ、どこよー」と叫びたくなります。空港の電波が拾えればいいですが、山の中に限って届かないことがありますから注意が必要です。

この、たつの市通過時点での私のナビゲーションは、たぶん不合格レベルでしょう。次の目標に向けて海に出た時に、試験官が「GPSの地図画面を消してください」と言いました。つまり、たつの市で迷った時にもGPSを見ることはできたのですが、試験ではGPSは使わないと言われていたこともあり、そしてあまりにもあわてていたため、そういうことにも気がつきませんでした。で、GPSを消すや否や、「次の小豆島はどれですか？」と聞かれました。これは助け舟というか、注意ということです。つまり「先のたつの市ポイントはミスってますよ」というダメ出しと、同時に

「今どこに向かおうとしていますか？　それは分かってるんですか？」というわけです。それも分からずやみくもに飛行を続けていたら、この時点で不合格でした。

そこで私は、正直に「正面に見えている大きな島が小豆島です。予定のコースより南にずれていますが、このまま燕崎を目指します」と返答しました。ここで、試験官は相当心配になったのでしょう。「ログを離れて構いませんので、予定のコースに戻してください」と指示が飛んできました。たぶんこの時には「この受験生、どうせログなんか信頼してないんでしょ」と、私の本音がバレバレだったように思います。航路の修正を少しずつ行っていると、もう一度「小豆島、予定ではどっちに見えるはずなんですか？」と聞きます。「左手のはずです」「そうですよね。で、今、どっちに見えてるんですか？」「まっすぐ正面です」「それで予定の航路なんですか！　しっかり戻してくださいよ、予定のコースに」と強い口調で言われ、あわててバンクを入れたのを覚えています。その直後、「高度も宣言した高度を守ってください」と、これまたダメ出し。自分なりに、性格というか癖で、緩やかな修正をしつつ次の目標点をしっかり捉えるのがかっこいいというか、きれいな修正と勝手にイメージしていたので、ここでバンクさせての修正は、何だか自分が下手なことを宣言するようで躊躇していたのですが、そこを注意されたということです。やはり日頃の甘さ、考え方は、必ずどこかで出てしまうと考えた方がいいです。

それをどうやって予防するか。練習の時、毎回、試験だと思って飛ぶことでしょうね。飛んで楽しいから免許を取ろうとしているのに、練習が苦しくつらいものになるのは避けたいところですが、後で考えると、最初にいい習慣を身につけること、操縦に不向きな性格を修正することが大事です。そのために必要なのは、何といっても緊張感を持って基本をしっかりこなすことでしょう。この時も、予定航路を認識せずに飛んでいるという認定になったら、即不合格という、もう首の皮どころか、クモの糸でつながっている状況だったと思います。試験官の助け舟を得て、やっと予定航路に乗り、ログの飛行に戻ったと思った瞬間、次の試練が待っていました。

試験官に、エンジンの出力を突然絞られたのです。これはエンジンの故障を想定して、その場合の再起動させる緊急手順ができるかを試され、そして再起動不可能の場合の緊急着陸（いわゆる不時着）を実際に着地寸前まで行ってみせるという課題です。再始動手順はそれなりにこなしましたが、緊急着陸の態勢に入って、そこでも速度調整に苦労しました。この場合、着陸予定地点の選定と速度は密接に関わってきます。高度と速度があれば遠い着陸地点でも到達できるのですが、高度もなく遅い場合、近くに降りるしかありません。緊急着陸の時は、最良滑空スピードというのがあって、まずはこの最良滑空スピードを作り、緊急着陸場所選定の自由度を得ておくのが原則です。パイパーの場合、フラップアップで79ノット。そこに持っていったうえで、さて、どこに着陸するかと考えるわけです。

この時、実は、空域のことが気になっていました。小豆島の北側には３０００フィート以下の場所に訓練空域があって、そこに入るには許可を必要とします。もしそこに訓練中の飛行機がいたら、いくら試験とはいえ、ふらふらと不時着状態で進入するのは危険極まりないと判断しました。そこで、着陸場所は海上の最も陸地に近いところで、泳いですぐに上陸できる河口ということにし、そういう場所がたまたますぐ近くに見えたので、巡航スピードのままそこへ突っ込んでしまいました。本来なら、ゆっくり速度を落として、旋回しながら降りればいいのですが、それだと訓練空域に入ってしまうのでまずいだろう、と思ったわけです。まさか本当に緊急通信で空域の使用を宣言するわけにもいかず、仕方がないことだったと思います。

これについても試験官はお見通しだったようで、後で「なぜあの時、滑空速度にしなかったんですか?」と聞かれてしまいました。そのうえ、心を読んだかのように「直前に高度を守れと言ったのを気にしてですか?」と言うのです。「その通り!」と叫びたいのをこらえて、自分の取った行動を説明しました。まだ速度は落ちていないのに、口頭ではつい訓練通りの手順で「滑空スピードエスタブリッシュ」と言ってしまったので、そこへ持っていこうとしていたこと。危険な空域であったこと。たまたまごく近くに、着陸地にふさわしいと思われる河口があったこと。そこを着陸場所に選んだのは、岩場もある岸壁よりは、砂地の多い三角州の方が安全だと思ったこと。そうやって、ついスピードを維持したまま降下してしまった理由を説明しました。瞬間の判断でしたが、ヨットでは河口の砂地に座礁する危険性と隣り合わせだった経験があるので、そういう浅瀬なら安全に不時着し、かつ水没することなく、歩くか少し泳ぐだけで陸地に避難できると考えた――そういう説明をしました。

ここでも、自分の性格というか、行動分析を日頃からカウンセリングでやっていたので、そういう説明が理論的に矛盾することなくできたと思います。もし、その判断は正しくても、説明がうまくできずしっかりとした根拠を示せなかった場合、合格できたかどうか分かりません。要は、ちゃんと意識を持って、間違いない判断をしているかということですね。もっとも、そんな質問を受けないように飛行する、訓練と同じように淡々とこなすことができればそれが最高ですが、試験を実際に受けてみて、たぶん何のイレギュラーも起こらずに実技試験をこなせる人はいないのではないかと思います。天気もよく、コンディションも最高、地点目標もばっちりで、変な操作もなし、というのはないような気がします。そして、実は試験では、そういう時の判断、とっさの行動を見られているように思えてなりません。

そう、日頃の考えや癖は、試験の時に絶対にばれると思ってください。そして、たぶん教官もそれを十分に分かっているはずですから、教官が「修正してください」と指摘したポイントは、性格の部分というか考え方の部分から直しておく必要が絶対にあると思います。そういう修正がされていれば、私の場合がそうであったように、手順そのものがイレギュラーになってしまっても、危険度の少ない安全な飛行という意味での操縦はできるはずですから、そのことを信じて進められるでしょう。逆のパターンというか、手順は完璧で合格しても、根っこのところがしっかりしていなかったら、一人で機長として判断する時に必ず迷います。迷えば、時間をロスして焦ることになり、より危険な状況につながるのではないかと思います。おそらく試験では、高い確率で何かが起こります。何か起きた時の対応で、試験官の心証が変わってくるのはこの試験の宿命です。そして、そういう時の受験生の行動や心の変化を見逃さないのが、教官であり、試験官であろうと、改めて思います。

さて、そういうクモの糸一本でつながったまま、飛行機は高松空港に近づきます。管制官から、定期便の到着があるので、あるポイントで旋回して待つように指示がありました。これはソロで飛んだ時にもありましたから問題なくこなし、ベースレグに直接入って進入します。そこでTGLをこなして、そのまますぐ次のレグ、高松から小豆島の大門鼻岬へ向けて、また新しいナビゲーションが始まります。時間はすでに午後5時になろうとしていました。11月の午後5時は、もう日が陰り始める時間帯です。このまま福知山まで行ったら、神戸に帰るのは間違いなく真っ暗な中なので、どこで試験官がオーケーをくれて神戸への変針を要求してくるか。もしくは、エマージェンシーで最寄りの空港に寄る指示が出ることも予想されたので、「いったんは六甲を超えるのかなー」と考えながらの再スタートでした。

❺ あきらめるな

再び小豆島に向かう間、誰も話さず、無言。しーんとした中で一人操縦している状況です。小豆島の岬を超えて、航路を東に向けたあたりから周りは急速に暗くなってきました。これまでに夜間訓練ということで暗い中での飛行、着陸は経験していましたが、試験で実際にそうなるとは想定していなかったので、かけているメガネはサングラスのように色つきのもので、視界はどんどん悪くなります。替えのメガネも持っていましたが、それにチェンジする余裕のないまま飛行を続けました。次の目標地点は淡路島の洲本市ですが、淡路島の海岸に到達する頃にはあたりは真っ暗。洲本上空は何度も飛んでいたので地形は頭に入っていますが、怖かったのは、洲本市の西と南には山があるということです。もちろん暗くなって、山の形など分かりません。この時は高度3000フィートを飛んでいて、山の高さは2000フィートくらいしかありませんから、差し迫った危険はなかったのですが、真っ暗で山があると分かっている方向に突っ込んでいくのは、とても勇気がいります。そのくらい自分の高度維持に自信がなかったともいえますが、この時は見えない恐怖でいっぱいでした。

ヨットの場合、夜の海で、夜間標識が整備された港に入港する以外では、絶対に陸地に近づいてはいけません。海の深さを示すソナーやマップを表示するGPSで危険は回避できるとはいえ、夜、陸地に近づいていいことは何一つありません。知らない港なら、寝ずの番で沖をぐるぐる回って夜明けを待つ方がよっぽどましです。そういう習慣がついていました。そして淡路島上空です。見えない山との高度差1000フィートでは、極端な操作をした場合、1分以内で到達してしまいます。地図を見直しているうちに、もし高度を失って運悪く山に近づいていたら……と考えると、とてもそっちへ向くことができませんでした。試験官が黙っているのをいいことに、私の腕は自然と航路を左に変えていました。

すると、目標地点の洲本からは当然離れますので、今度は洲本に向かうにはどうすればいいかを考えなくてはなりません。そうこうしてるうちに、ちょうど洲本市と淡路市の中間の平野部を突っ切った形で、山の心配のないところを通過できましたが、そこから洲本に行かなくてはなりません。ほぼ正面に街の明かりが見えましたが、自分が左にずれている以上、あれが洲本であるはずはありません。私の頭は冷静に「ここで〝前方に洲本市を視認しました〟とでも言おうものなら、不合格間違いなしだろうな」という思考が働いていました。私がどんな言動を取るか、固唾を飲んで見守る試験官や教官の息遣いが聞こえたような気がしたほどです。

そこで地図を広げたのですが、見えないんです。機内の暗い照明では、色つきのメガネをしている目に細かな文字や線を認識させるだけの明るさがありません。教官が気を利かせてかざしてくれた懐中電灯の光を頼りにし、なおかつメガネをつけたり外したりしながら、最も近い電波灯台である淡路VORを確認。そこからの距離と方角を地図上で読み取ってメモし、洲本の位置を特定。今度は自分の位置を同様に割り出し、現在位置からのヘディングと距離を出しました。同時に、自分が淡路島の東の海岸近くにいることを知ったので、海岸線を視認しながら何度に向けますと宣言しました。ありがたいことに海岸線に沿って点々と街の明かりが散りばめられており、何とか目視で確認できたからです。そうやってヘディングを修正し、しばらく海岸線伝いに飛ぶことにしたのです。洲本までの距離はほんの4マイルほどで、空港なら着陸準備を終わっていなくてはならないような距離です。

ここで初めて、試験官が「洲本はどれですか?」と聞いてきました。「あの正面に見える明かりが洲本です」とはっきり答えられたのは、さっきのVORからの距離と方位をメモした数字から間違いないと判断したからです。その視線の動きを見ていたのか、納得したように、試験官が「分かりました。洲本を視認したということですので、暗くなりましたから、神戸空港に帰りましょう」と言ってくれました。「神戸へのダイバート(目的地を変更しての着陸)を行ってください」これが最後の指示になりました。これによって、私はやっと母港の神戸空港に向けて帰る準備にかかれます。この指示がなければ、このまま洲本上空で旋回して、北進し、福知山に向けて暗い山の上を飛ばなくてはなりません。さっきは平野を抜けることができましたが、さすがに福知山となると、高度を一挙に5500くらいに上げないといけないかと考え始めていた時でしたので、その試験官の声はありがたくて、つい「はい、ありがとうございます」と言っていました。

後は、やはり山を避けて、海側への左旋回。直線飛行に移ったところで関西ＴＣＡにコンタクトし、神戸空港に帰ることを告げます。この時、もう一声「フライトプランの修正」まで言えればよかったのですが、神戸への到着予定時間を計算で出していなかったため、それが言えませんでした。しばらくすると、試験官から「神戸までどのくらいの距離ですか？」との質問。地図を広げ、また懐中電灯の光を探していると「ナビゲーションは終了しますから、計器見ていいですよ」と声がかかります。そう言われて「計器ってどれよ？」という感じでぽかんとしていると「ＤＭＥ（距離測定装置）を積んでるでしょう、この機体は」と言われ、初めてそれに気づくありさまでした。そう、電波灯台からの方向と距離はいつも表示され、さっきはそれを頼りに洲本を割り出したのに、今度はそれを忘れてしまったということです。あと20マイル。だいたいそんな距離だったと思います。次に「じゃあ、あと何分で着きますか？」と聞かれます。ナビは終わったものの試験は続いていると、これでハッと気づきました。「えっと、時速１２０ノットですから、１２０割る60で、1分で２マイル。あと、20割る2ですから、えっとあと10分です」と、こんな簡単な計算を計算式まで言わないと答えにたどり着かないくらい、疲れと緊張でいっぱいでした。その答えに満足したのか、試験官は、その後はだんまりに戻ります。神戸までお手並み拝見ということでしょうか。

＊

2013年11月6日午後5時56分。自家用操縦士実技試験の飛行が終わる頃、着陸すべき神戸空港周辺は、すでに真っ暗な闇に覆われていた。海に浮かぶ空港。夜景の広がる北側とは打って変わって、洲本市上空から進入してきた南側には、ぬめるような黒い海面しかない。闇は高度の感覚を狂わせる――座学で習った言葉を思い出しながら操縦桿を握り、どうにか冷静を保つよう機長席で不安と戦っていた。「滑走路を見つけなきゃ……」。

120ノット、時速200キロ近いスピードで陸地が近寄ってくる。計器盤にあるGPSは、確かに神戸空港に向かっていることを示す。しかし、今の段階では滑走路に横方向からアプローチする角度になっており、なかなか視認できない。夜の滑走路は、真横からは見つけにくいのだ。なぜなら、ほとんどのランウェイライト（滑走路灯）は、着陸機から見やすいように滑走路の進入方向に向けて設置されているから。中にはライトの真横にフードの付いている進入灯もある。こんなこと、普段ならすぐに気づくだろう。だがしかし、試験官を乗せ、すこぶる芳しくない講評を聞きながら、とにかくミスは許されない状態で夜のランディングを試みる受験生には、それを思い出すだけで論文一つ仕上げるエネルギーがいる。

気がついた時には、滑走路の南西約3マイルを真北に向かっていた。幸運にも、その針路のおかげでランウェイが斜め右にはっきりと現れた。「ランウェイを視認しました。これよりダウンウィンドウに入ります」。まな板の上のコイの私は、さも予定したタイミングであったかのように機体を右に傾ける。「ライトサイドクリア。バンク30度。レベルターン」。動作の確認を声に出してアピールしつつ、滑走路との距離を測っていく。当然、その距離はいつもより短かった。気づくのが遅い分、ランウェイは容赦なく近づいていたのだ。修正。さもなくば、次のベースターンでもっと苦しい操縦を迫られる。シワは、小さいうちに伸ばせ。小さなミスは、小さいうちに。80回近くやってきた着陸操作が、また新しい顔を見せる。着陸の緊張は何度やっても変わらない。

ファイナルターンに入る頃、空港のランウェイ脇に、いくつもの屋形船のような小舟がのんきな明かりを点して浮いているのが見えた。「ああ、そうだ」自分もやったことがある。羽田空港の進入路ギリギリにマイボートを浮かべ、真上に迫る着陸機の腹を見上げ、ランディングギアを確認し、轟音を楽しむ夜のクルージング。気の利いた外国人の機長なら、ランディングライトを何度も点灯してくれたりもした。私はそこで場違いにも、心の中で「ごめんね、こんな小さなやつで。しかも、ふらついた下手なアプローチで」と言っていた。どうせ酔っ払いたちは「何だ、あのふらついてるやつは」とか言っているに違いない。

「えっと、ギアは降りてるんでしょうか?」。試験官の不安そうな声がインカムを通じて響く。「はい、降りています」。教官と私は、ほぼ同時に答えていた。「試験官も不安なんだ」。そう気づいた時、「ごめんなさい、不安にさせて」と、下の船の人、機内の試験官、とにかくそこらじゅうにいる人みんなに謝りたくなってしまった。

試験官が「教官、もうランディングの技能チェックは終わってますので、どうぞいつでもアドバイスしてもらって結構です」と言う。翻訳すると、試験としてのランディングはもう終了しているので、暗闇の中での横風ランディングという難易度の高い着陸をしようとしている今、教官が最終の操縦を指図してもらっても構いませんよ、という意味。私の気後れしている心に、さらに追い討ちのくぎが打ち込まれた。要は、試験官は、私の技量ではこの暗い中での横風着陸は危険だと判断したのだ。

その瞬間、「やってやろうじゃないの、このくらいの横風」と心の中で叫ぶ。夜間、しかも驟雨でランウェイが濡れている。横風ランディングの修正がうまくいかなければ、そのまま斜めに走って、スリップ転倒、またはランウェイ逸脱という可能性だってある。危険性をジワリと感じつつ、私は自分のために操縦桿を渡さないと心に決めていた。試験官の声を無視するように、私は着陸操作を続けた。ランウェイ上、いつも見えているエイミングポイント（着地目標点）が全く見えない。「でも、いいさ。あのパピ（着陸誘導灯）の横なんでしょう」「よいしょ、はいウィングロー」。機体は予定した傾きと手順で、陸地に帰還した。

最後は、極端に冷静だった。朝7時からスタートした私の実技試験の飛行は、こうやって終わった。

駐機後の点検を終わって、事務所に帰る途中、私に告げられたのは、欲しい知らせではなかった。「試験官が質問したいって。1時間くらいだそうだ」。疲れ切って疲労すら感じなくなった体が、また緊張していくのが分かる。こんな緊張をしたくて飛行機を始めたんだっけ？ これが望んでいた操縦士の世界なのか？ ブリーフィングデスクの横を通り抜け、最後の面接を受けるべく、私は平然と、そしてありったけの虚勢を張って、2階の試験会場に向かった。

＊

この後の講評で、どんなことを聞かれたかについては、折に触れてお話ししてきた通りです。朝の口述試験を、がらになってもう一度やり直す勢い、というのが正しいでしょう。そこには容赦のない指摘と質問がありました。特に厳しく言われたのは「離陸距離、着陸距離を出発前にきちんと確認したか」ということでした。もちろんルーティンとしてやり、メモ帳にその計算過程も記録してあったので、それを見てもらって事なきを得ましたが、試験の時に私が口にしたのは「着陸距離は2000フィートあれば十分です」という回答。あいまいというか、少し投げやりな答えに、試験官も引っかかったようでした。「そんなので大丈夫？ 神戸みたいに広い空港ばかりではないでしょう。これから一人で飛ぶ場合、調布とか、桶川とか、小さいところにも下りたり飛んだりするのに、らゃんと計算しないと危険ですよ」というわけです。もっともな指摘で、もし本当にきちんとした計算もメモもしていなければ、結果は違っていたかもしれません。これから受験しようというみなさんには、本気で自分一人で飛ぶことを想像して、訓練や試験に臨んでほしいと思います。

ユーチューブで、外国のセスナが離陸したとたんに、ズバッと失速して森に突っ込む映像がありました。高度、速度とも小さかったのでしょう。パイロットは鼻を折って出血していましたが、全員生きていたので、映像が削除されずに残っているのだと思います。これは、明らかにパイロットが出発前の確認義務のうちの重量重心の計算確認を怠ったからです。新米の私にも断言できるほど、明らかなミスです。重量はギリギリだったのではないでしょうか。そして、おそらく重心位置が既定の範囲に入っていなかった。なので、いったんは浮揚するが、すぐにガシャン。パイロットもそれなりに年のいった人でしたから、経験も豊富で、たぶん「この人数とこの荷物なら行ける」と判断したのが、油断というか、過信だったのでしょう。

こういう目に遭わないように、とにかく基本に忠実に。確認すべき点は確認しろ。いくら神戸空港で余裕があるといっても、確認の癖をつけておかなければ、つまらない失敗になるぞ——ということを、試験官は厳しく伝えたかったのだと思います。そういう緊迫した会話を挟んで、最後の方は本音トークというか、試験官の言葉使いも変わってきました。「あの洲本をどんどん外していったあたり、もう何も言うまいと思って見ていたんですよ。そうしたら、途中でちゃんとVORで確認して、修正してきた。ああいう修正がなければダメですが、最後はちゃんと自分の力で戻れたということですね」とか、「ATC(無線)は、安心して聞いてられましたね」とか。たぶん、試験官の本音に近いものだったと思います。

指摘された内容は、まったくもってさすがプロの試験官だなと感心させられる内容で、自分としても、よくぞ指摘してくれました、という感じでした。時間が許せば、あと1時間くらい講評を聞いていたい気分になりかけた頃、試験官が時計を見ながら、最後の締めの話になってきました。そしておもむろに「とにかく、いろいろ基準を逸脱する場面がありましたが、それを自ら修正する能力があるということで、試験規定のナントカ条を使いましょう」と言い、その後「合格です」と、意を決したように言ってくれました。思わず頭を下げ「ありがとうございます」とお礼の言葉が出たのは言うまでもありません。その後、砕けた雰囲気になった時に、試験官がどうしても言いたかったという話が出ます。「試験は終了しましたので、先輩パイロットとして忠告です」と前置きした後、何点かの指摘をしてくれました。その時のメモは、今でも見直しているくらい、私の宝物になっています。

その内容は、バーディゴの訓練をもっとすること、乗り心地のため無駄なエルロンは避けること、時計はもっと正確に合わせて地上生活の時間感覚より緻密に考えること、効力曲線のことをもっとよく研究すること、などです。読むべき本やそのページまで教えてもらいましたから、本当に親心、心配してのことだと思います。そういう話を聞きながらも、試験官が自分をパイロット仲間として扱ってくれているのがひしひしと伝わり、喜びがあふれるようでした。合格もうれしいですが、仲間として扱ってもらえたこの最後の忠告の方が、もっとずっと喜びを感じました。そして、責任の大きさも。

最後に、試験官に「とにかく安全に飛行するよう、ご指摘の内容を含めて、十分気をつけてまいります」と言ってお辞儀をし、この日を終了することができました。教官や学校の職員の方々が喜んでくれたので、喜びをかみしめることになりました。一人で小道具の整理をし、カバンに詰めていると、「試験官のお帰りですから」と見送りを促されました。あわてて背広のジャケットを羽織りながら下に降りると、朝と同じメンバーが出迎えた時と同じような形で、整列しています。試験官２人も晴れ晴れとした顔で玄関口に向かい、みんなホッとした様子であいさつを交わしています。

私はただただ、こんな遅くまで、みなさんを居残りさせたのが申し訳なく、恥ずかしく、直立不動の姿勢で見送りました。教官を乗せた車が玄関を離れたのは、もう8時近くになっていました。朝、開かなかったドアの前に立ってから12時間以上。あきらめずに生き延びようとする気持ちが、最後の合格の講評につながったと思います。

これから自家用操縦士の試験を受験するみなさんには、ぜひ、この感動というか、感慨を味わっていただきたいと思います。難しい道のりがあって到達できる場所だからこそ、味わえるものがあります。一つのドラマが生まれたようなものですね。人生の大きな財産になること請け合いです。

自家用操縦士技能証明書
PRIVATE PILOT CERTIFICATE
PHOTO
CAT AEROPLANE
JAPAN
2013年 12月 18日

私の自家用操縦士免許取得までの航跡

2011

8月　初めてセスナに乗る（遊覧飛行）

2012

6月　**「航空機操縦練習許可書」取得**

8月　操縦練習開始

9月　エアワーク、TGL練習開始

11月　**学科試験受験～合格**
トラフィック練習

12月　**セスナ（残時間40時間）購入**

2013

1月　セスナでトラフィックソロ

飛行時間（累計）

11月　2
12月　8
1月　26

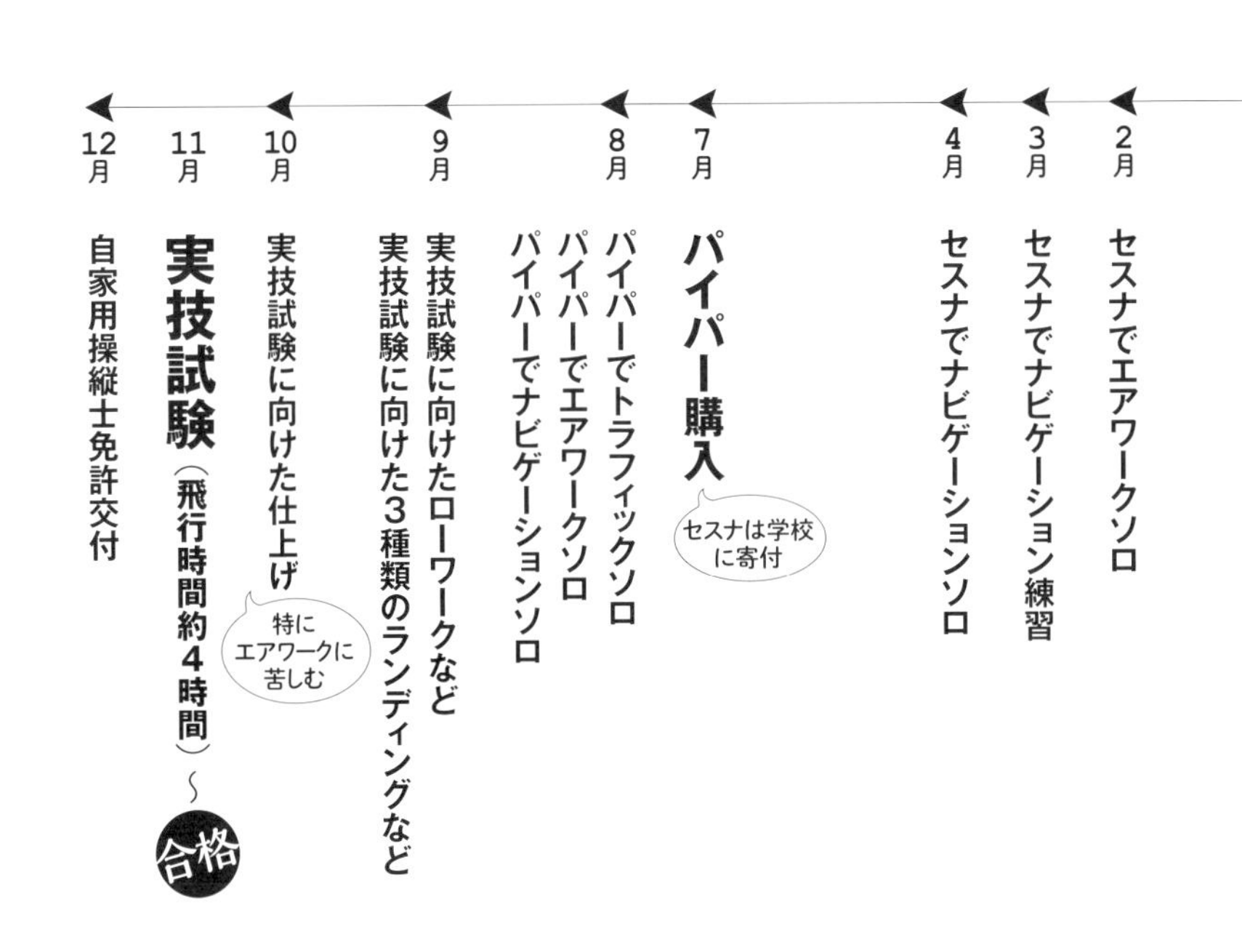

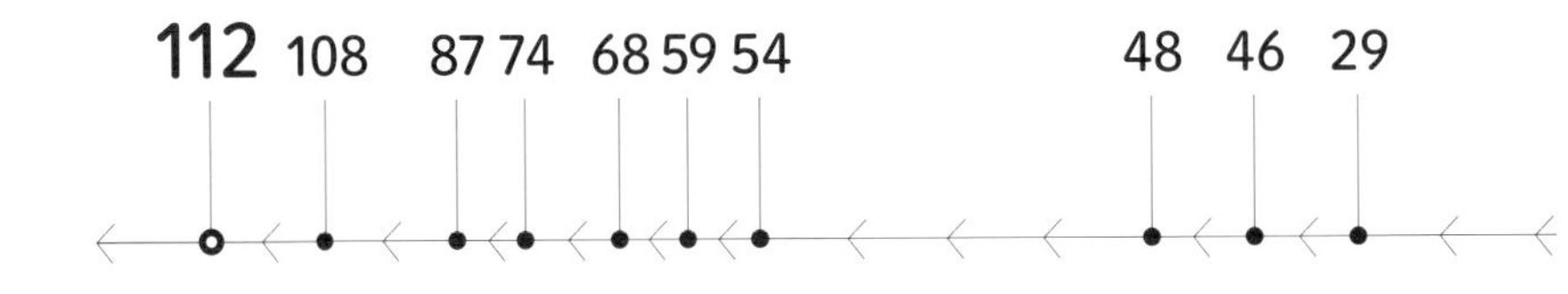

注記　下欄の累計飛行時間は、各項目の終了時点での総飛行時間の概数です。こうして整理してみると、無駄に飛んだような気もします。2013年9月から10月にかけての実技試験に向けた追い込み、仕上げの訓練が大事です。

あとがき

　編集のために読み返してみて、この本を書いてよかったと改めて思いました。試験当日の実感や、もう遠い昔になってしまった気がするソロフライトの状況など、あの時の新鮮な気持ち、訓練で自分に言い聞かせていたことが、再びはっきりとよみがえってきたからです。初心、忘るるべからず。ライセンスを手にしたのが２０１３年12月、新年に二種航空身体検査を受けて、1月15日には一人で全部をこなし、南紀白浜空港まで飛んでいました。

　それから、初めての松山空港、大分、宮崎、鹿児島、長崎と、訓練では飛んでいない空港へも、この数カ月でどんどん飛んでいます。これができるのは、すべて国内で訓練してライセンスを取得したおかげというより他ありません。また、免許を取る前に自分の飛行機を購入し、それで訓練して試験まで受けたことが、こんなに急速に一人で自由に飛べるようになった理由でもあります。最近では、種子島や奄美大島、そして沖縄まで、一人で足を延ばしています。家族を乗せ、気ままに温泉旅行をしたこともあります。屋久島温泉の後、天気がいいからと、そこから南紀白浜まで向かったことも。エアラインが飛んでないところも自由気ままに移動できるのは

うれしいことです。今は、知らないところに飛んで行くのが楽しくて仕方がないという感じです。

その間、自家用機が駐機するエプロンで、いろんな自家用機オーナーの方と話をする機会がありました。２００ノットをたたき出すソカタに乗って、朝、岡山を出て種子島でゴルフ、その後、名古屋での友人との夕食に向かう、というベテランパイロットのお医者さんにも会いました。彼は、自家用機の狭いスペースに無駄なくゴルフセットを積み込むため、特注したかっこいいゴルフバックを見せてくれました。「免許取りたては飛ぶのが楽しくてしょうがないよね。今は、飛んでゴルフに行くのが趣味になってね」なんて言ってる彼の格好は、短パンにハイソックスというゴルフウェアのままでしたが(その姿の人が滑走路のすぐ横を歩いているのを想像してみてください。それだけで愉快ですよね)、若々しく、楽しくて仕方ない風でした。

宮崎空港で、横田基地のフライトクラブで働いているかっこいい女性教官に会ったこともあります。同僚のパイロットと横田から嘉手納まで行った帰りで、一方の私は、これから初めて種子島へ行くところでした。南の方が曇っている状況で果たして飛べるのかどうか、しこたま悩んでいた私に、「少しくらいチャレンジしなきゃ、技量は伸びないわよー」と一言、悩みを吹き消してくれたのも彼女でした。「さっき、俺美から種子島上空を飛んだけど、奄美は計器飛行状態だけど、種子島の近くは大丈夫みたい。もし引き返すことになっても、燃料しっかり積んでれば戻れるでしょ」。優柔不断な様子なのを見かねた彼女の助言がなければ、この時、飛び続けられなかったと思います。サンキューです。

　また、ゴールデンウィークの那覇には、いわゆるプライベートジェットも何機か来ていました。中には機体を黒ずくめでカラーリングしたかっこいいのもありました。「パイロット生活を楽しんでいるなー」というのは、そういうのを見るだけでも分かります。とにかく、みなさん若々しく元気です。ま、そうでないと航空身体検査に通りませんから、日頃から気を使っているのだと思います。そうやって知り合った先輩パイロットの助言に従って、今、私は計器飛行の受験を準備しています。雲の中や天候が悪くても、管制官からの指示でレーダー誘導してもらいつつ、比較的高い高度を飛ぶカテゴリーです。それができたら、次は近い将来日本でも導入される単発ジェットの試験にトライしてみたいと思っています。パイロットは常に学ぶことが多く、それだけに退屈しません。みなさんが若々しい秘訣も、そこにあると思います。

　費用が気になりますか？　本文にも書きましたが、年間を通じての維持費は、50フィートクラスのプレジャーボートとそう変わりません。免許だって、2年かけて取る間に教官らに支払うコストは、おおざっぱに200万円もあればいいでしょう。後は機体の費用ですが、先に機体を購入して訓練をするメリットはここにもあり、購入費を早い段階からリース料として処理することができます。自分で飛び始めてからの空港に寄航した時の駐機料は、だいたいどこも1日1000〜2000円程度です。また燃料代は、操縦がうまくなれば、それだけ節約できます。例えば、神戸と南紀白浜を往復するのに、最初は100リッター以上の燃料を使っていましたが、最近は72リッターで済んだフライトもありました。費用はリッターあたり約250円なので、18000円くらいです。

そう、若々しく飛んでいる「プライベート・パイロットの生活」への扉は、いつでも、みなさんのすぐそばで開かれているのです。私がいろいろと先輩方に教えてもらえたように、真剣にパイロットにトライしたという方には、できる限りお役に立ちたいと思います。

この本が、そのきっかけになることを願ってやみません。

2014年12月9日　山下智之

山下智之（やました・ともゆき）

略歴

1961年生まれ。大学卒業後、大手証券会社勤務を経て、28歳で会社を設立して独立。現在は不動産業を営む。

1級小型船舶操縦士免許所有。ボート&ヨット歴は、24フィート・モーターボート、38フィート・セーリングクルーザー、54フィート・モーターボートなど。

51歳から学習を始めて、国内訓練のみで52歳で自家用操縦士資格を取得。現在、自家用機で各地の不動産投資案件を見に行くのが楽しみ。

公益社団法人 日本航空機操縦士協会 正会員

メールアドレス：
privatepilotjapan@gmail.com

ホームページ：
http://www.pilotnet.org

山下のフライト日記ブログが見られます。

「pilotnet.org」で検索してください。

357
JA

プライベート・パイロット
国内で、自家用操縦ライセンスを、早く安く取る方法

2015年1月30日　第1版第1刷発行

著　者　山下智之

発行者　大田川茂樹

発行所　株式会社 舵社
〒105-0013
東京都港区浜松町1-2-17
ストークベル浜松町
電話 03-3434-8181

装　丁　佐藤和美

印　刷　株式会社 大丸グラフィックス

ISBN978-4-8072-1137-1

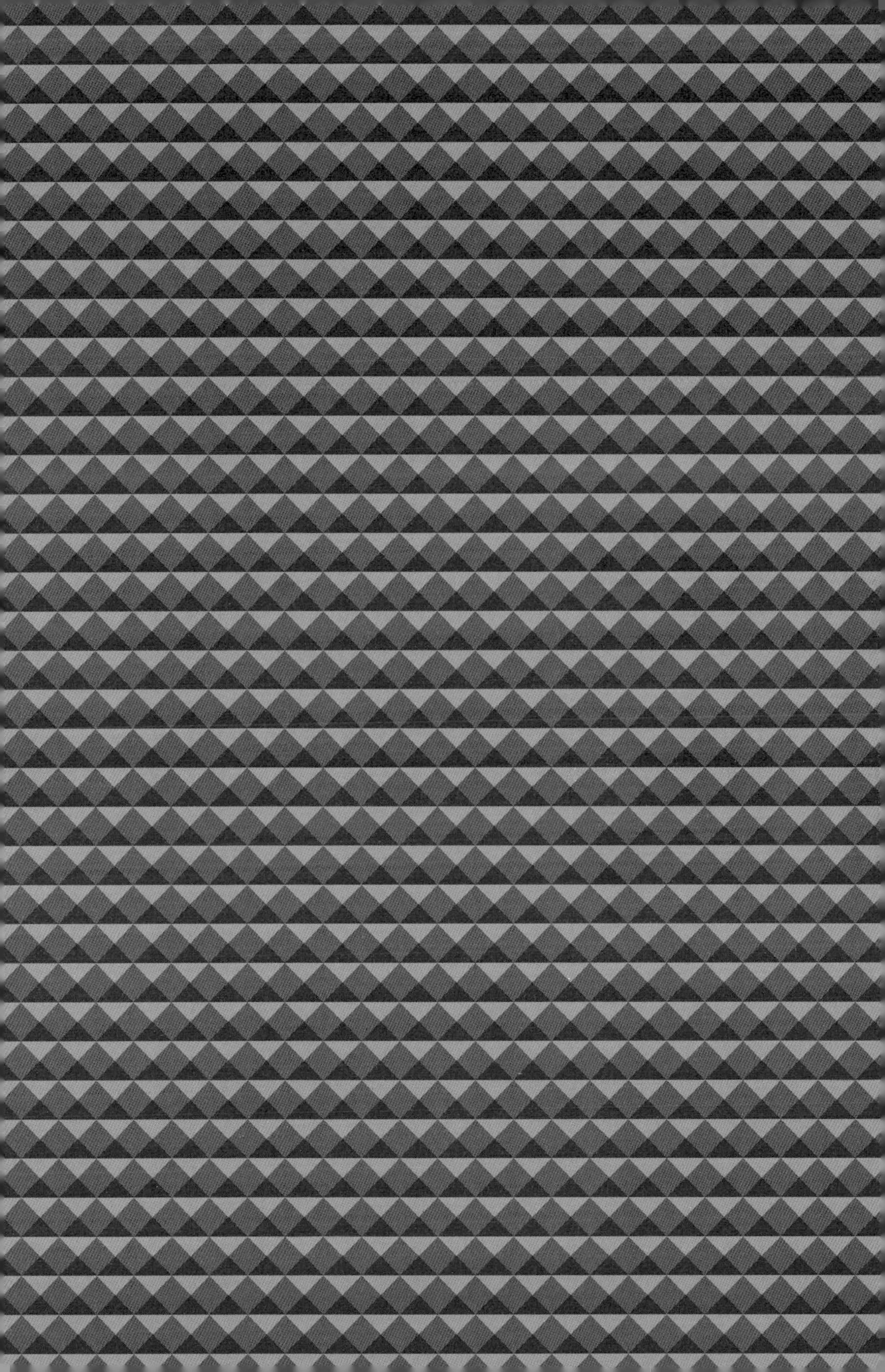

CLIMATE